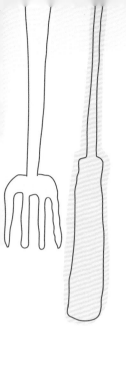

汉竹编著·亲亲乐读系列

6周月子餐不重样

刘桂荣　主编

U0251002

江苏凤凰科学技术出版社

全国百佳图书出版单位

导读

　　十月怀胎顺利分娩，恭喜你们升级做父母啦！但新妈妈怎样坐月子，尤其是月子里的饮食怎样安排，成为全家最关心的问题之一。

　　很多新手爸妈都知道，坐月子期间饮食是有讲究的，不能乱吃，但到底要怎么讲究却不清楚。月子期间的饮食既要补充生产时所消耗的大量体力，又要促进乳汁分泌，还要兼顾身体恢复和口味喜好。家里的婆婆和妈妈按照老传统，说是不能给新妈妈吃蔬菜和水果，要多吃滋补的食物，这样身体才能恢复得快。这个问题真是复杂又棘手。

　　现在，不必忧心忡忡，营养学专家给新手爸妈提供解决方案来啦。6 周科学的营养餐单，详细到每一天，汤羹、主食、热炒都在其中，还照顾到产后身体容易出现的不同状况和瘦身需求。月子餐不仅丰盛，而且制作方便，是家人也可以一起吃的滋补餐。

目录

第一章
健康月子餐食材推荐

乌鸡 ……………………12

鲫鱼 ……………………12

蛤蜊 ……………………12

黄花鱼 …………………12

猪蹄 ……………………12

牛肉 ……………………12

羊肉 ……………………12

排骨 ……………………12

鲤鱼 ……………………13

虾 ………………………13

海米 ……………………13

猪肝 ……………………13

牛奶 ……………………13

豆腐 ……………………13

猪腰 ……………………13

海参 ……………………13

鸡蛋 ……………………14

莲藕 ……………………14

香菇 ……………………14

黄花菜 …………………14

茭白 ……………………14

豌豆 ……………………14

番茄 ……………………14

白菜 ……………………14

黄瓜 ……………………15

菠菜 ……………………15

竹荪 ……………………15

胡萝卜 …………………15

苋菜 ……………………15

冬瓜 ……………………15

枸杞子 …………………15

西蓝花 …………………15

小米 ……………………16

黑米 ……………………16

红豆 ……………………16

红薯 ……………………16

木耳 ……………………16

红枣 ……………………16

芝麻 ……………………16

魔芋 ……………………16

玉米 ……………………17

花生 ……………………17

桂圆 ……………………17

栗子 ……………………17

醪糟 ……………………17

苹果 ……………………17

猕猴桃 …………………17

核桃 ……………………17

第二章
产后第 1 周代谢排毒阶段

新妈妈的身心变化 ………20

本周月子餐重点 …………21

喝清淡的汤 ………………21

增加促进伤口愈合的食物 …21

别着急进补 ………………21

尽量少盐 …………………21

第 1 天推荐食谱 …………22

红糖小米粥 ………………22

胡萝卜蘑菇汤 ……………23

薏米红枣百合汤 …………23

生化汤 ……………………23

第 2 天推荐食谱 …………24

黑豆糯米粥 ………………24

香菇鸡汤面 ………………24

罗宋汤 ……………………24

素炒木樨 …………………25

三鲜汤面 …………………25

四色什锦 …………………25

第 3 天推荐食谱 …………26

花生红豆汤 ………………26

牛奶红枣粥 ………………26

香菇炒菜花 ………………26

什蔬蒸蛋 …………………27

清炖鲫鱼 …………………27

菌菇汤煲 …………………27

第 4 天推荐食谱 …………28

银耳鹌鹑蛋 ………………28

口蘑小米粥 ………………28

芒果西米露 ………………28

荷塘小炒 …………………29

排骨汤面 …………………29

鲈鱼豆腐汤 29

第 5 天推荐食谱 30

西葫芦饼 30

茭白炒肉丝 30

明虾炖豆腐 30

白菜炒猪肝 31

黄芪炖鸡汤 31

虾仁馄饨 31

第 6 天推荐食谱 32

鸡蓉玉米羹 32

桂圆芡实粥 32

蛤蜊豆腐汤 32

香葱牛肉面 33

清蒸白灵菇 33

山药扁豆糕 33

第 7 天推荐食谱 34

番茄炖豆腐 34

干贝冬瓜汤 34

茄丁炸酱面 34

蒜蓉海带扣 35

银鱼苋菜汤 35

牛肉炒菠菜 35

伤口护理和母乳喂养问题 36

宝宝一定要吃初乳 36

宝宝出生后就可以喂母乳了 36

开奶前不要喂糖水和牛奶 36

与宝宝的第一次亲密接触 36

剖宫产妈妈照样有母乳 36

产后 24 小时密切关注出血量 37

顺产的新妈妈应及早下床活动 37

保持会阴清洁 37

剖宫产手术后 6 小时内不能枕枕头 ..37

多翻身预防肠道粘连 37

第三章
产后第 2 周补气养血阶段

新妈妈的身心变化 40

本周月子餐重点 41

可以适当补钙 41

红糖水喝 1 周左右即可 41

催乳应循序渐进 41

第 8 天推荐食谱 42

五彩玉米羹 42

乌鸡蘑菇汤 43

香菇酿豆腐 43

猪肚粥 43

第 9 天推荐食谱 44

陈皮海带粥 44

猪蹄茭白汤 44

益母草木耳汤 44

三丝黄花羹 45

卤鹌鹑蛋 45

尖椒素肉丝 45

第 10 天推荐食谱 46

黄豆猪蹄汤 46

小米鳝鱼粥 46

木耳炒鸡蛋 46

山药炖鸡 47

烧四宝 47

红豆醪糟蛋 47

第 11 天推荐食谱 48

田园糙米饭 48

果仁菠菜 48

鸭血豆腐汤 48

丝瓜金针菇 49

牛筋花生汤 49

鱼香肝片 49

第 12 天推荐食谱 50

银耳桂圆汤 50

茭白炒鸡蛋 50

香菇炒芦笋 50

荸荠银耳汤 51

乌鱼通草汤 51

葱烧海参 51

第 13 天推荐食谱 52

奶香麦片粥 52

豆豉蒸南瓜 52

豌豆炒鸡丁 52

三文鱼豆腐汤 53

西芹炒百合 53

木瓜鲈鱼汤 53

第 14 天推荐食谱 54

腐乳烧芋头 54

木瓜煲牛肉 54

红豆花生乳鸽汤 54

金汤竹荪 55

栗子扒白菜 55

油菜蘑菇汤 55

身体恢复和母乳喂养问题 56

腹带的选择及绑法 56

注意预防乳腺炎 56

选择适合的哺乳姿势 57

母乳少，试试混合喂养 57

第四章
产后第 3 周缓慢进补阶段

新妈妈的身心变化 60

催乳为主，补血为辅 61

喝汤也吃肉 61

适当吃些清火食物 61

第 15 天推荐食谱 62

荔枝红枣粥 62

杜仲排骨汤 63

蛤蜊炖蛋 63

菠菜蛋花汤 63

第 16 天推荐食谱 64

虾仁焖面 64

番茄炒菜花 64

翡翠羹 64

豆浆小米粥 65

阿胶核桃仁红枣羹 65

猪骨萝卜汤 65

第 17 天推荐食谱 66

苹果玉米羹 66

荔枝炒虾仁 66

拌胡萝卜丝 66

莲子猪肚汤 67

香菇豆腐汤 67

黑豆煲瘦肉 67

第 18 天推荐食谱 68

秋葵炒香干 68

腰果西芹 68

豆浆莴笋汤 68

百合炒肉 69

芥菜干贝汤 69

山药羊肉羹 69

第 19 天推荐食谱 70

桂花山药 70

西蓝花炒猪腰 70

鲜肉小馄饨 70

彩椒炒玉米粒 71

蚝油草菇 71

牛蒡排骨汤 71

第 20 天推荐食谱 72

扁豆焖面 72

黑芝麻甜粥 72

三鲜冬瓜汤 72

清蒸黄花鱼 73

三丝木耳 73

孜然鱿鱼 73

第 21 天推荐食谱 74

银耳花生汤 74

菠萝饭 74

萝卜丝烧带鱼 74

鸡肝枸杞汤 75

西蓝花鹌鹑蛋汤 75

燕麦花豆粥 75

身体恢复和母乳喂养问题 76

母乳喂养，按需喂养 76

避免长时间仰卧 76

产后腰腿痛的预防措施 76

产后注意牙齿健康 77

别过早剧烈运动 77

仍要注意会阴的清洁 77

第五章
产后第 4 周增强体质阶段

新妈妈的身心变化 80

按时定量进餐很重要 81

蔬菜的摄入量可以增加一些 81

不要依赖营养品 81

第 22 天推荐食谱 82

紫米杂粮粥 82

鸡蛋什蔬沙拉 83

蔬菜豆皮卷 83

栗子黄鳝煲 83

第 23 天推荐食谱 84

海带豆腐汤 84

鲜蘑炒豌豆 84

香菇虾肉水饺 84

莲子芋头粥 85

小鸡炖蘑菇 85

碧玉银芽 85

第 24 天推荐食谱 86

菠菜鱼片汤 86

红豆西米露 86

豆干拌荠菜 86

百合莲子桂花饮 87

烤鳗鱼青菜饭团 87

桂花糯米藕 87

第 25 天推荐食谱 88

拔丝香蕉 88

鸡蛋紫菜饼 88

莲子薏米煲鸭汤 88

芹菜牛肉丝 89

松仁海带汤 89

木瓜牛奶露 89

第 26 天推荐食谱 90

扁豆烧荸荠 90

核桃仁红枣粥 90

韭菜炒虾仁 90

豆浆海鲜汤 91

橙香鱼排 91

里脊肉炒芦笋 91

第 27 天推荐食谱 92

黑芝麻饭团 92

黄芪橘皮红糖粥 92

鲜虾冬瓜汤 92

猪肚粥 93

凉拌裙带菜 93

肉末豆腐羹 93

第 28 天推荐食谱 94

海带焖饭 94

皮蛋豆腐 94

香菇娃娃菜 94

鲫鱼丝瓜汤 95

三色肝末 95

蒜薹炒肉 95

身体恢复和母乳喂养问题 96

关注产后抑郁 96

剖宫产妈妈不要过早揭掉伤口
的痂 96

乳汁太多这样喂奶 96

帮助宝宝含住乳晕的小窍门 97

哺乳期间也要戴文胸 97

哺乳妈妈少用药物缓解抑郁 97

重视剖宫产妈妈的心理恢复 97

第六章
产后第 5 周提升元气阶段

新妈妈的身心变化 100

饮食要平衡摄入与消耗 101

健康减重慢慢来 101

补充维生素 B_1 防脱发 101

食用坚果要适量 101

第 29 天推荐食谱 102

松子鸡肉卷 102

苹果玉米汤 103

虾仁西葫芦 103

白萝卜炖羊肉 103

第 30 天推荐食谱 104

菠菜鸡蛋饼 104

橘瓣银耳羹 104

鸭块炖白菜 104

鲶鱼炖茄子 105

虾皮烧豆腐 105

胡萝卜炒鸡蛋 105

第 31 天推荐食谱 106

红豆双皮奶 106

青椒炒鸭血 106

珍珠三鲜汤 106

骨汤奶白菜 107

蒜香黄豆芽 107

山药黑芝麻糊 107

第 32 天推荐食谱 108

香椿苗拌核桃仁 108

鸡脯烧小白菜 108

腐竹烧油菜 108

彩椒炒腐竹 109

荠菜魔芋汤 109

海参木耳烧豆腐 109

第 33 天推荐食谱 110

乌鸡糯米粥 110

樱桃虾仁沙拉 110

竹荪红枣茶 110

虾仁丝瓜汤 111

清蒸鲈鱼 111

冬瓜海米汤 111

第 34 天推荐食谱 112

山楂绿豆粥 112

炝拌黑豆苗 112

白萝卜蛏子汤 112

清炒蚕豆 113

蜜汁南瓜 113

海带烧黄豆 113

第 35 天推荐食谱 114

牛蒡粥 114

凉拌海蜇 114

芦笋炒虾球 114

牛蒡炒肉丝 115

炒豆皮 115

紫薯山药球 115

身体恢复和母乳喂养问题 ... 116

吃好睡好心情好，奶水自然多
又好 116

提高母乳质量 116

安全有效的催乳按摩 117

避开"危险"食物，养出好
母乳 117

产后畏寒怕冷早调理 117

糖醋西葫芦丝 124

丝瓜糙米粥 124

菠菜拌果仁 124

红豆饭 125

银鱼豆芽 125

海参当归补气汤 125

第 38 天推荐食谱 126

芝麻酱拌苦菊 126

无花果蘑菇汤 126

虾泥馄饨 126

玉竹百合苹果羹 127

苦瓜豆腐汤 127

彩椒炒牛肉 127

第 39 天推荐食谱 128

雪菜肉丝汤面 128

姜汁撞奶 128

火龙果炒鸡丁 128

烤鳗鱼 129

紫菜虾皮豆腐汤 129

蒜蓉烤扇贝 129

第 40 天推荐食谱 130

五谷豆浆 130

红烧狮子头 130

肉末烧茄子 130

红薯蛋挞 131

酿尖椒 131

第七章
产后第 6 周瘦身养颜阶段

新妈妈的身心变化 120

合理控制体重 121

根据宝宝生长情况调整饮食 ... 121

瘦身宜增加膳食纤维的摄入量 ... 121

第 36 天推荐食谱 122

豆皮素菜卷 122

木瓜竹荪炖排骨 123

玉米面发糕 123

盐水鸡肝 123

第 37 天推荐食谱 124

黄瓜烤墨鱼丸 131

第 41 天推荐食谱 132

木瓜牛奶蒸蛋 132

凉拌魔芋丝 132

荷叶粥 132

南瓜红薯饭 133

素炒三丝 133

醋焖腐竹带鱼 133

第 42 天推荐食谱 134

牛奶水果饮 134

番茄炒芦笋 134

鹌鹑蛋烧肉 134

凉拌萝卜丝 135

橄榄菜炒扁豆 135

红烧鳜鱼 135

身体恢复和母乳喂养问题 ...136

夜间哺喂宝宝有讲究 136

至少保证母乳喂养 6 个月 136

二胎妈妈母乳少, 多是气血不足
引起的 136

头胎没奶, 二胎不一定也没奶 ...137

饮食与按摩配合, 催乳效果
更好 137

清蒸大虾 140

牛奶鲫鱼汤 140

丝瓜炖豆腐 141

羊排骨粉丝汤 141

豆腐醪糟汤 141

补血 142

三色补血汤 142

猪肝红枣粥 142

红枣百合汤 142

菠菜炒鸡蛋 143

木耳香菇粥 143

酸菜猪血汤 143

补钙 144

芋头排骨汤 144

南瓜虾皮汤 144

花生牛奶豆浆 144

红薯蛋黄泥 145

葱花拌豆腐 145

酥炸小黄鱼 145

产后便秘 146

蜜汁山药条 146

蒜蓉蒿子秆 146

草莓牛奶粥 146

口蘑炒莴笋 147

木耳炒圆白菜 147

白菜炖豆腐 147

产后出血 148

红糖煮鸡蛋 148

百合当归猪肉汤 148

人参粥 148

产后瘦身 149

魔芋菠菜汤 149

核桃仁拌芹菜 149

芝麻海带结 149

产后水肿 150

红豆薏米姜汤 150

清炖冬瓜鸭汤 150

黄瓜芹菜汁 150

产后脱发 151

山药芝麻饮 151

黄豆排骨汤 151

蟹子寿司 151

第八章
产后对症调养餐

催乳 140

红枣蒸鹌鹑 140

附录

坐月子老传统与新观念 152

请全家一起关注产后抑郁 ...154

第一章
健康月子餐食材推荐

　　坐月子吃什么？新妈妈在生产后，由于体质尚虚，直觉就是要赶快进补，以恢复元气。其实盲目进补是不科学的！那么怎样才能正确地进行产后进补呢？本章介绍了月子餐常用食材，照顾月子的家人和护理人员就知道应该给新妈妈吃什么，怎么吃啦。

健康月子餐食材推荐

乌鸡

乌鸡有滋补肝肾、益气补血的功效。乌鸡含有人体不可缺少的赖氨酸、蛋氨酸和组氨酸，能调节人体免疫功能和抗衰老。

鲫鱼

鲫鱼的营养非常全面，对于剖宫产妈妈是很有益的，它可以增强人体抵抗力，有通乳催乳的作用。鲫鱼对于产后脾胃虚弱的新妈妈有很好的滋补作用。

蛤蜊

蛤蜊含有蛋白质、脂肪、铁、钙、磷、碘、维生素和牛磺酸等多种营养成分，是一种低热量、高蛋白的理想食物，具有滋阴润燥、利尿消肿的作用。

黄花鱼

黄花鱼特别适用于产后体质虚弱、面黄肌瘦、少气乏力、目昏神倦的新妈妈食用。同时对有睡眠障碍、失眠的新妈妈有安神、促进睡眠的作用。

猪蹄

猪蹄中含有丰富的胶原蛋白，有利于组织细胞正常生理功能的恢复，加速新陈代谢。猪蹄汤还具有催乳作用，对于哺乳期的新妈妈能起到催乳和美容的双重作用。

牛肉

牛肉中含有丰富的蛋白质，能提高机体抗病能力，可补血、修复受损的组织。牛肉中的肌氨酸含量很高，具有增强肌肉力量的功效。

羊肉

羊肉味甘、性热，可益气补虚、温中暖下、壮筋骨、厚肠胃，主要用于疲劳体虚、腰膝酸软、产后虚冷、腹痛等。产后新妈妈食用羊肉可促进血液循环、增温驱寒。

排骨

排骨富含磷酸钙、骨胶原、骨黏蛋白等成分，能为人体提供钙质和血红素（有机铁），促进铁吸收的半胱氨酸，有助于改善缺铁性贫血。新妈妈食用排骨可以补血益气，滋养脾胃。

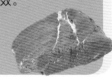

鲤鱼

鲤鱼可滋补健胃、利水消肿、通乳，对新妈妈产后水肿、腹胀、少尿、乳汁不通都非常有益。

虾

虾营养丰富，肉质松软易消化，有助于身体虚弱或病后、产后需要调养的人的身体恢复。此外，虾的通乳效果很好，并且富含磷、钙等矿物质，对宝宝和新妈妈是很好的营养来源。

海米

海米和虾皮（虾米）中同样富含钙、磷、铁，对于喂乳妈妈来说是很好的补钙食物。

猪肝

猪肝中含有丰富的铁、锌等元素，其蛋白质含量也非常丰富，可以补气血、补肝、明目，防止眼睛干涩、疲劳。猪肝中还富含维生素 A 和矿物质硒，能增强人体的免疫力。

牛奶

牛奶中含有磷，对促进宝宝大脑发育有着重要的作用；牛奶中的维生素 B_2，有助于强化肝功能；牛奶中的钙，可增强骨骼及牙齿强度，促进智力发育。

豆腐

豆腐中含有丰富的蛋白质、脂肪、碳水化合物、钙、磷、铁、维生素及人体必需的氨基酸等。豆腐属低热量、低脂肪、高蛋白、不含胆固醇的食物，适合产后新妈妈进补食用。

猪腰

猪腰具有补肾气、通膀胱、消积滞、止消渴等功效。可帮助新妈妈治疗产后肾虚腰痛、水肿等症状，也是产后补血的佳品。猪腰含有的蛋白质、铁、锌及 B 族维生素等营养成分较一般肉类高。

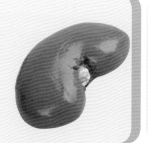

海参

海参富含蛋白质、脂肪、钙、磷、铁、维生素 B_1、维生素 B_2、烟酸等营养成分。海参有助于新妈妈恢复元气，促进伤口愈合，能为新妈妈提供全面的营养保障，增强体质，快速有效恢复体力。

鸡蛋

鸡蛋含有丰富的蛋白质、脂肪、维生素，蛋白质对肝脏组织损伤有修复作用；富含 DHA 和卵磷脂，对身体发育有利，能健脑益智。

莲藕

熟莲藕能健脾开胃，益血补心，主补五脏。莲藕中碳水化合物的含量不算很高，而维生素 C 和膳食纤维的含量比较丰富。莲藕含铁量较高，对产后患缺铁性贫血的新妈妈有帮助。

香菇

香菇中富含的营养物质对促进人体新陈代谢，提高机体适应力有很大作用，可用于缓解脾胃虚弱、少气乏力等症状。

黄花菜

黄花菜营养丰富，含有丰富的蛋白质、维生素、钙、脂肪以及人体所必需的氨基酸，是产后新妈妈重要的营养品。同时，黄花菜具有很好的催乳效果。

茭白

茭白含有碳水化合物、蛋白质、维生素 B$_1$、维生素 B$_2$ 以及多种矿物质，具有催乳、解烦躁的功效。茭白中水分高、热量低，食用后会有饱腹感，是新妈妈产后瘦身的理想食物。

豌豆

豌豆中含有丰富的碳水化合物、蛋白质、叶酸、B 族维生素、维生素 C 以及多种矿物质，具有通乳的功效。豌豆中含有的赖氨酸是人体必需氨基酸。

番茄

番茄富含 β-胡萝卜素、维生素 C、膳食纤维、铁、钙、磷等，有清热解毒、健胃消食等功效，可以提高新妈妈的食欲，帮助消化。番茄不仅有抗氧化的功能，还有提高免疫力的作用。

白菜

白菜中含有丰富的膳食纤维、β-胡萝卜素、铁、镁、钾、维生素 A 等，能促进肠蠕动、帮助消化，帮助新妈妈预防产后便秘。白菜中还含有能提升钙质吸收所需的成分。

黄瓜

青瓜中含有丰富的维生素 E，可起到延年益寿，抗衰老的作用。黄瓜中的黄瓜酶，有很强的生物活性，能有效地促进机体的新陈代谢。

菠菜

菠菜中含有丰富的维生素 C、β－胡萝卜素、蛋白质以及钙、铁、磷等营养成分，可止渴润肠、补血止血，能帮助新妈妈调理肠胃功能，预防便秘，还有助于新妈妈产后补血。

竹荪

竹荪可以降低体内胆固醇，减少腹壁脂肪堆积等，是新妈妈产后瘦身的理想食物。

胡萝卜

胡萝卜是一种质脆味美、营养丰富的家常蔬菜，素有"小人参"之称。胡萝卜富含碳水化合物、脂肪、挥发油、胡萝卜素、维生素 A、花青素、钙、铁等营养成分。

苋菜

苋菜富含钙、磷、铁等营养物质，且不含草酸，其所含钙、铁进入人体后很容易被吸收利用，尤其适合哺乳妈妈补充矿物质，从而促进宝宝的生长发育。

冬瓜

冬瓜含有丰富的蛋白质、碳水化合物、维生素以及矿物质等营养成分。冬瓜不含脂肪，是新妈妈产后瘦身的理想食材。

枸杞子

枸杞子含有枸杞多糖、多种氨基酸、矿物质、维生素、牛磺酸、生物碱、挥发油等化学成分，具有滋补肝肾、益精明目的功效，其主要有效成分为枸杞多糖，可调节人体免疫功能，清除机体自由基，维护肾气旺盛。

西蓝花

西蓝花主要含有蛋白质、维生素、脂肪及微量元素。西蓝花含有的维生素种类比较齐全，可以清除体内自由基，有效增强皮肤抗损伤能力，促进肌肤年轻化。

小米

小米中的蛋白质、碳水化合物的含量都很高，而且非常容易被人体吸收，特别适合产后消化功能较弱的新妈妈食用。

黑米

黑米的维生素和微量元素，对母乳喂养的宝宝很有好处，可以促进宝宝的身体和骨骼的发育。另外，黑米中的烟酸，还能促进智力发育。

红豆

红豆含有多种矿物质，能够帮助妈妈补充营养。红豆还含有较多的膳食纤维，具有良好的润肠通便、降血压、降血脂、调节血糖、健美减肥的作用。

红薯

红薯富含膳食纤维、维生素以及矿物质等，营养价值很高，不仅能帮助新妈妈补充身体所需热量，还能帮助新妈妈保持肌肤弹性，减缓机体的衰老进程。

木耳

木耳中含铁量丰富，对产后新妈妈补铁补血很有益处，能够预防产后贫血，还有益气、止血、止痛的功效。新妈妈多食用木耳，能够起到养血驻颜、护肤美容、抗衰老的作用。

红枣

红枣有补中益气、养血安神的作用。红枣可补气养血，补养身体。红枣的安神作用，对于新妈妈产后抑郁、心神不宁等都有很好的缓解作用。

芝麻

芝麻有养发、生津、通乳、润肠的功效，适用于身体虚弱、贫血萎黄、大便燥结、头晕耳鸣等症。新妈妈产后食用芝麻，不仅能补充身体所需，还可改善血液循环、促进新陈代谢，改善皮肤干燥粗糙的状况，令皮肤细腻光滑，红润光泽，延缓衰老。

魔芋

魔芋的主要成分是葡甘露聚糖。它是一种低脂、低糖、低热、无胆固醇的优质食物，可以清洁肠胃，帮助新妈妈产后瘦身，预防消化系统疾病。

玉米

玉米中所含的丰富的膳食纤维能够刺激胃肠蠕动、帮助排便，产后食用玉米可帮助新妈妈预防便秘，排毒清肠。

花生

花生含有大量的钙质、脂肪、维生素、硒等营养成分，不但可以增强人体免疫力，还能增强产后的记忆力。花生不但有催乳下奶的功效，还有滋润肌肤的作用。

桂圆

桂圆能改善心血管循环、安定精神状况、舒解压力和紧张。桂圆含有丰富的葡萄糖、蔗糖、蛋白质及多种维生素和微量元素，有良好的滋养补益作用，可用于改善贫血症状，帮助产后调养。

栗子

栗子含有丰富的不饱和脂肪酸和矿物质、维生素 B_2、维生素 C 等营养元素。栗子中含有丰富的蛋白质，新妈妈补充足够的蛋白质，也能提高乳汁中蛋白质的含量。

醪糟

醪糟富含碳水化合物、蛋白质、B 族维生素、矿物质等营养成分，滋补作用较好。醪糟可活血行经，散结消肿，产后乳汁不畅、肾虚腰疼的新妈妈可常食用。

苹果

苹果中所含果胶属于可溶性膳食纤维，不但能加快胆固醇代谢，有效降低胆固醇水平，还能加快脂肪代谢，所以新妈妈产后瘦身应多吃苹果。

猕猴桃

猕猴桃含有丰富的维生素 C，可强化免疫系统，促进新妈妈伤口愈合和对铁的吸收，有利于产后新妈妈的体力恢复。猕猴桃还具有稳定情绪、舒缓心情的作用，能够帮助新妈妈预防产后抑郁，走出情绪低谷。

核桃

核桃有补血养气、补肾益精、止咳平喘、润燥通便等良好功效。核桃与芝麻、莲子同时食用，能补心健脑，还能治盗汗。

第二章
产后第 1 周代谢排毒阶段

产后第 1 周是身体排毒消肿的重要时期，新手妈妈需要将体内多余的水分、毒素和恶露排出，所以饮食上应多吃些有排毒、活血化瘀和利水消肿功效的食物。

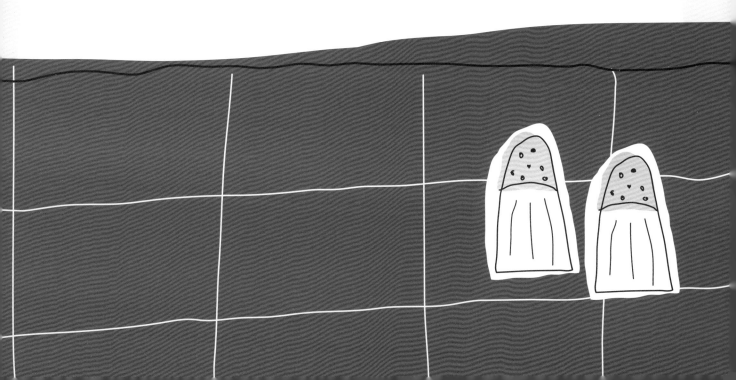

新妈妈的身心变化

对于新妈妈来说，产后第1周休息是最重要的，睡眠时间不够会影响身体的恢复。除了充足的睡眠时间，第1周的日常护理也是身体恢复的重要事情，如观察恶露颜色、防范产后出血，缓解便秘、乳房涨奶等。

由于在生产时耗费了大量体力，这一周新妈妈会觉得非常疲倦。

乳房

正常情况下，在产后两三天，新妈妈就会有乳汁分泌。

胃肠

孕期受到子宫压迫的胃肠终于可以"归位"了，但胃肠功能的恢复还需一段时间。产后两三天内，新妈妈会有多尿的情况出现，这是因为怀孕后期身体潴留了大量的水分。此时，身体正忙着排毒呢。

子宫

产前胎宝宝温暖的小窝——子宫，在完成自己的使命后，也慢慢消退了。本周，子宫会慢慢地变小，逐日收缩。但要恢复到怀孕前的大小，至少要经过6周左右。

随着分娩的结束，新妈妈体内的激素分泌会发生急剧变化，部分新妈妈可能因为激素分泌变化而导致情绪大起大落。因此，这时要注意调节自身情绪，避免引发产后抑郁症。

伤口及疼痛

千辛万苦、费尽周折生下宝宝之后，恼人的疼痛不会立即消失，尤其是"挨了刀"的新妈妈，缝合部位的疼痛感会更加明显。但再坚持3~5天，情况就会有所好转。

恶露

新妈妈会排出类似"月经"的东西（含有血液、少量胎膜及坏死的蜕膜组织），这就是恶露。本周正是新妈妈排恶露的关键期，恶露起初为鲜红色，几天后转为淡红色。

本周月子餐重点

产后1周，无论是顺产妈妈还是剖宫产妈妈都要吃口味清爽的食物，切忌吃得过于油腻。要坚持少吃多餐的原则，除了正常三餐以外可以适当加餐。剖宫产妈妈因有伤口，同时产后腹内压突然减轻，腹肌松弛、肠蠕动缓慢，容易出现便秘现象，饮食上的安排应该与顺产妈妈有轻微差别，剖宫产妈妈更需要重视饮食的选择。

喝清淡的汤

产后第1周，新妈妈会感觉身体虚弱，胃口较差。因为新妈妈的肠胃功能还没有复原，所以，进补不是本周饮食的主要目的，而是要易于消化、吸收，以利于胃肠的恢复。比如清淡的鱼汤、鸡汤、蛋花汤等，主食可以吃些馒头、龙须面、米饭等。另外，新鲜蔬菜和苹果、香蕉等也可提升新妈妈的食欲。

增加促进伤口愈合的食物

为了使手术后的伤口尽快愈合，剖宫产妈妈需要在饮食上加强营养。蛋白质及胶原蛋白能帮助伤口愈合，降低感染的概率。瘦肉、牛奶、蛋类等食物含有丰富的蛋白质，剖宫产妈妈应注意多补充。另外，维生素A能够帮助伤口尽快愈合。富含维生素A的食物主要有胡萝卜、番茄等。维生素C对胶原蛋白的合成具有促进作用，能促进伤口愈合。

别着急进补

很多新妈妈在产后都会立即大量进补，认为这样能够分泌更多的乳汁。其实，并不是吃得越多乳汁分泌就越多，乳汁的分泌与宝宝吸吮的时间和次数有关。宝宝吸吮得越早，次数越多，新妈妈分泌的乳汁也就越多。其实，新妈妈在妊娠期间体内聚集

菌菇汤补起来

新妈妈刚生产完，消化功能较弱，最好能给新妈妈食用一些滋补素汤，如蘑菇汤、红枣百合汤、蔬菜汤等。这些汤既含有丰富的营养，也不过分油腻，对产后疼痛的缓解和伤口的恢复都有一定的好处。

的脂肪已经为产后哺乳打下了基础。

尽量少盐

怀孕后期，孕妈妈的全身会出现水肿现象，而这种现象并不会随着宝宝的降生而立刻消失。因此，新妈妈在产后饮食中需要控制盐的摄入量，以免增加心血管以及肾脏的负担，否则不仅不利于身体恢复，还会引发某些疾病。

第 01 天

推荐食谱

产后第1周也称为新陈代谢周。新妈妈怀孕时体内潴留的毒素、多余的水分，会在这一阶段排出。因此，第1周的饮食要以排毒为先，先不着急大量进补，避免恶露和毒素会排不干净。

产后体虚怎么补

产后虚弱的表现主要有气虚、血虚、阴虚、阳虚等，需要通过不同的进补方式来恢复元气。

气虚主要表现为：少气懒言、全身乏力、声音低沉、易出汗等。可适当多吃牛肉、鸡肉、猪肉、糯米、黄豆、红枣、鲫鱼。

血虚主要表现为：面色萎黄、苍白、头晕乏力、眼花心悸、失眠等。可适当多吃乌骨鸡、黑芝麻、核桃仁、桂圆。

阴虚主要表现为：怕热、易怒、咽痛、大便干燥、小便赤黄等。可适当多吃百合、鸭肉、黑鱼、莲藕、金针菇、枸杞子。

阳虚主要表现为：除有气虚的症状外，还有怕冷、四肢不温、喜热饮等。可适当多吃牛肉、羊肉、核桃仁、桂圆。

红糖小米粥

营养功效：红糖、小米是坐月子常见的食材，红糖有补血功效，小米可健脾胃、补虚损，适宜刚生产完的新妈妈食用，能帮助新妈妈补气血，促进身体恢复。

原料：小米100克，红糖适量。

做法：

1 将小米洗净，放入锅中加适量清水大火烧开，转小火慢慢熬煮至小米开花。

2 加入红糖搅拌均匀，继续熬煮5分钟即可。

胡萝卜蘑菇汤

营养功效：此汤有促进胃肠蠕动、增进食欲的作用，丰富的膳食纤维，可以促进产后新妈妈消化和排毒。清淡的口味，也会让新妈妈接受。

原料：胡萝卜100克，蘑菇、西蓝花各30克，盐适量。

做法：

1 胡萝卜去皮切成片；蘑菇洗净去蒂，撕成小块；西蓝花掰成小朵后洗净。

2 将胡萝卜片、蘑菇、西蓝花块一同放入锅中，加适量清水用大火煮沸，转小火将全部食材煮熟。

3 出锅时加入盐调味即可。

薏米红枣百合汤

营养功效：此汤具有生津润肺、补血安神和提高睡眠的作用，能增强肝脏的解毒和排毒功能，可以帮助产后新妈妈静心安眠，补充体力。

原料：薏米50克，鲜百合20克，红枣5颗。

做法：

1 将薏米淘洗干净，放入清水中浸泡4个小时；鲜百合洗净，掰成片；红枣洗净、去核。

2 将泡好的薏米和清水一同放入锅内，大火煮开后，转小火煮1小时。

3 把鲜百合和红枣放入锅内，继续煮30分钟即可。

生化汤

营养功效：生化汤可促进产后乳汁分泌，帮助子宫收缩，还可减轻因子宫收缩造成的腹痛，并且对于预防产褥感染也有积极的作用。

原料：当归、核桃仁各15克，川芎6克，黑姜10克，甘草3克，大米100克，红糖适量。

做法：

1 大米淘洗干净，用清水浸泡30分钟。

2 将当归、核桃仁、川芎、黑姜、甘草和水以1:10的比例小火煎煮30分钟，去渣取汁。

3 将大米放入锅内，加入煎煮好的药汁和适量清水，熬煮成粥，调入红糖，温热服用。

第 **02** 天 推荐食谱

黑豆糯米粥

营养功效：糯米营养丰富，为温补食物。糯米和黑豆有补血安神的作用，两者一起煮粥，可以帮助新妈妈补益身体。

原料：黑豆50克，糯米70克，红糖适量。

做法：

1 黑豆用水浸泡6小时，糯米用水浸泡2小时。

2 将泡好的黑豆、糯米放入锅中，倒入适量水，大火煮沸。

3 转小火再煮30分钟，撒上红糖，搅拌均匀即可食用。

香菇鸡汤面

营养功效：香菇含有丰富的维生素，能促进人体的新陈代谢；鸡汤则能帮助新妈妈补充能量，缓解产后疲乏无力。

原料：面条50克，鸡肉100克，鲜香菇2朵，青菜、酱油、盐各适量。

做法：

1 鸡肉洗净切片；青菜洗净；在锅中加入温水，倒少许酱油，放入鸡肉、青菜、盐，煮熟。

2 将面条放入鸡汤中煮熟。将鲜香菇去蒂洗净，入油锅略煎。

3 将煮熟的面条盛入碗中，把青菜、鸡肉片摆在面条上，淋上鸡汤，再点缀香菇即可。

罗宋汤

营养功效：此汤具有健脾开胃、益气安神的作用，对于新妈妈来说是很好的营养菜。酸中带甜的口味也会提高食欲。

原料：番茄1个，胡萝卜半根，圆白菜100克，番茄酱、黄油各适量。

做法：

1 番茄洗净，去皮切丁；胡萝卜洗净切丁；圆白菜切丝。

2 在锅内放入黄油，中火加热，待黄油半融后，加入番茄丁，炒出香味，加入番茄酱。

3 锅内加水，放入胡萝卜丁，炖煮至胡萝卜丁绵软、汤汁浓稠。加入圆白菜丝，再煮10分钟即可。

素炒木樨

营养功效：木耳中铁的含量丰富，常吃木耳能养血驻颜，令新妈妈肌肤红润，并可防治缺铁性贫血，是补血养血的好选择。

原料：木耳、干黄花菜各 30 克，鸡蛋 2 个，生抽、香醋、盐各适量。

做法：

1 木耳、干黄花菜用水泡 2 小时。鸡蛋打散，加盐搅拌均匀。

2 油锅烧热，倒入蛋液翻炒至熟，取出。加适量油，放入木耳和黄花菜，翻炒至半熟。

3 放入炒好的鸡蛋块，翻炒 3 分钟后，加适量盐、生抽、香醋调味即可。

三鲜汤面

营养功效：虾仁和鸡肉都是蛋白质含量很高的食物，此面不仅营养丰富，而且搭配合理，补益身体的同时，可以提高新妈妈的食欲。

原料：鲜湿面 100 克，鸡胸肉、虾仁各 50 克，鲜香菇 4 朵，盐、料酒各适量。

做法：

1 虾仁、鸡肉洗净，鸡肉切成丝。虾仁和鸡肉用料酒腌一下去腥。鲜香菇去蒂、洗净、切丝。

2 锅中放虾仁、鸡肉丝、香菇丝翻炒，变色后加水，烧开。

3 放入面条，加适量的盐，转中火，把面条煮熟即可。

四色什锦

营养功效：金针菇的氨基酸含量非常丰富，其中赖氨酸具有帮助智力发育的作用。它既是一种美味的食物，又是较好的保健食物。

原料：胡萝卜、金针菇各 100 克，木耳、蒜薹各 30 克，葱末、姜末、白糖、醋、香油、盐各适量。

做法：

1 木耳浸泡 4 小时，撕成小朵。金针菇去掉老根，用开水焯烫。胡萝卜切丝，蒜薹切段。

2 油锅烧热，放入葱末、姜末炒香，放入胡萝卜丝翻炒片刻，放入木耳翻炒，加白糖、盐。

3 放入金针菇、蒜薹段，翻炒至熟，淋上醋、香油即可。

第 03 天　推荐食谱

花生红豆汤

营养功效：生产时的失血会使新妈妈有贫血的现象。红豆有很好的补血作用；花生有催乳作用，产后乳汁不足时可食用此汤。

原料：红豆、花生仁各 50 克，糖桂花 5 克。

做法：

1 将红豆与花生仁清洗干净，并用清水泡 2 小时。

2 将泡好的红豆与花生仁连同清水一同放入锅内，开大火煮沸。

3 煮沸后改用小火煲 1 小时，出锅时放入糖桂花即可。

牛奶红枣粥

营养功效：牛奶含有较多的钙，红枣可补血，两者一起煮粥，是一道既营养又美味的产后补品。而且粥品好消化易吸收。

原料：大米 50 克，牛奶 250 毫升，红枣 3 颗。

做法：

1 红枣洗净，取出枣核备用；大米洗净，用清水浸泡 30 分钟。

2 锅内加入清水，放入淘洗好的大米，大火煮沸后转小火煮 30 分钟，至大米绵软。

3 再加入牛奶和红枣，小火慢煮至米烂粥稠即可。

香菇炒菜花

营养功效：香菇具有益气补胃、降脂、抗癌的功效，搭配菜花一起食用，可以缓解产后新妈妈食欲不佳。

原料：菜花 250 克，干香菇 6 朵，葱丝、姜丝、淀粉、盐各适量。

做法：

1 菜花掰成小朵，用热水焯一下，捞出。干香菇用温水泡发，去蒂，切成小块。

2 油锅烧热，放入葱丝、姜丝炒香。倒入适量水，加盐调味，烧开后放入香菇块和菜花。

3 小火煮 10 分钟后，用淀粉勾芡即可。

什蔬蒸蛋

营养功效： 鸡蛋中的脂肪以不饱和脂肪酸为主，易被人体吸收利用。将鸡蛋与谷类或豆类食物搭配食用，能提高营养的吸收率。

原料： 鸡蛋 2 个，胡萝卜 1/3 根，玉米粒、豌豆、香菇、盐各适量。

做法：

1 香菇、胡萝卜切末，和玉米粒、豌豆放入锅中煮熟。

2 鸡蛋加盐打散，倒入适量温水，搅拌均匀，覆上保鲜膜。

3 将装有蛋液的容器放入锅中，隔水蒸 10 分钟。

4 将香菇末、胡萝卜末、玉米粒、豌豆均匀撒在凝固的蛋液上，加盖再蒸 3 分钟即可。

清炖鲫鱼

营养功效： 鲫鱼含有丰富的蛋白质，易于人体消化吸收，能利水消肿，还具有通乳功效，是一道非常营养的催乳餐。

原料： 鲫鱼 1 条，葱花、蒜片、姜片、盐各适量。

做法：

1 鲫鱼收拾干净。

2 起锅热油，将鲫鱼煎一下，放入清水，加姜片、蒜片煮 20 分钟。

3 加入盐调味，撒上葱花即可。

菌菇汤煲

营养功效： 此汤对身体的益处很多，其中菌类富含人体所需的多种氨基酸，可开胃健脾，很适合产后虚弱的新妈妈食用。

原料： 猴头菌、草菌、平菇、白菜心各 50 克，干香菇 4 朵，葱段、盐各适量。

做法：

1 香菇泡发后洗净，切去蒂部，划出花刀；平菇洗净，切去根部；猴头菌和草菇洗净后切开；白菜心掰开成单片。

2 锅内放入清水、葱段，大火烧开。将所有食材放入锅中，大火烧开，转小火煲 20 分钟，加盐调味即可。

第 04 天　推荐食谱

银耳鹌鹑蛋

营养功效：鹌鹑蛋被认为是"动物中的人参"，为滋补食疗佳品，可开胃健脾，很适合产后虚弱的新妈妈食用。

原料：银耳 30 克，鹌鹑蛋 6 个，冰糖适量。

做法：

1 银耳泡发去蒂，放入碗中，加适量水，放入蒸笼蒸透。

2 鹌鹑蛋洗净，加适量水煮熟，去壳。

3 锅中加水，放入冰糖，煮开后放入银耳、鹌鹑蛋，稍煮即可。

口蘑小米粥

营养功效：口蘑中富含膳食纤维、蛋白质和多种维生素，而且它是非常好的补硒食物，能提高人体免疫力。

原料：口蘑、小米、大米各 50 克，葱末、盐各适量。

做法：

1 小米用水浸泡 4 小时，大米用水浸泡 30 分钟。口蘑切片。

2 锅中放入小米、大米和适量水，大火煮沸后，转小火再煮 30 分钟。

3 放入口蘑片，煮 10 分钟后，放入葱末、盐，搅拌均匀即可。

芒果西米露

营养功效：西米有健脾、补肺、化痰的功效，可以改善脾胃虚弱和消化不良，适宜体质虚弱的新妈妈食用。

原料：芒果 1 个，牛奶 200 毫升，西米、蜂蜜各适量。

做法：

1 锅中加水煮沸，放入西米。中大火煮 10 分钟后，关火闷 15 分钟，取出冲凉。

2 锅中换水煮沸，放入冲凉的西米。中大火煮 5 分钟后，关火再闷 15 分钟，直至无白芯。

3 芒果切丁和蜂蜜、西米、牛奶混合，搅拌均匀即可。

荷塘小炒

营养功效：此菜食材品种丰富，搭配合理，能补五脏、强壮筋骨、滋阴养血，还能利尿通便，帮助排泄体内的废物和毒素。

原料：莲藕1节，胡萝卜1/2根，荷兰豆50克，干木耳、鲜百合各1小把，蒜片、盐各适量。

做法：

1 干木耳用水浸泡2小时，撕小朵；鲜百合掰成小瓣；胡萝卜、莲藕去皮，切片；荷兰豆切段。

2 油锅烧热，放入蒜片爆香，然后放入木耳、藕片、胡萝卜片、百合、荷兰豆段，大火翻炒至食材熟透。撒入盐，翻炒均匀即可。

排骨汤面

营养功效：排骨提供人体活动必需的优质蛋白质、脂肪，丰富的钙质可维护骨骼健康，还有改善贫血、增强免疫力等作用。

原料：挂面150克，排骨300克，八角、葱段、姜片、高汤、盐各适量。

做法：

1 排骨剁成长段。油锅烧热，放入葱段、姜片炒香，放入排骨段，加盐煸炒至变色，加水、八角，大火煮沸。

2 将排骨段、排骨汤、高汤倒入高压锅中，煮至熟烂。

3 另起锅，锅中加水煮至微沸，放入挂面煮熟，捞出，倒入排骨段和排骨汤即可。

鲈鱼豆腐汤

营养功效：鲈鱼有益气健脾、利尿消肿、清热解毒的作用，和豆腐一起煲汤，非常适合产后新妈妈食用。

原料：鲈鱼1条，豆腐、香菇各50克，姜片、盐各适量。

做法：

1 将去骨鲈鱼洗净，切块；豆腐切块；香菇洗净去蒂，划出花刀。

2 将姜片放入锅中，加清水烧开，加入豆腐、鱼块、香菇，炖煮至熟，加盐调味即可。

第 05 天 推荐食谱

西葫芦饼

营养功效：此菜在催乳的同时还可预防产后便秘，可以帮助新妈妈调理身体。松软可口的味道，是加餐时理想的选择。

原料：鸡蛋 2 个，西葫芦 250 克，面粉 150 克，盐适量。

做法：

1 鸡蛋放入面粉打散，加盐调味，做成面糊。

2 西葫芦去皮，切丝，放入蛋糊中，搅拌均匀。

3 如果面糊稀了就加适量面粉，如果稠了就加蛋液。

4 油锅烧热，倒入面糊，煎至两面浅黄即可。

茭白炒肉丝

营养功效：茭白含有丰富的蛋白质、脂肪和碳水化合物，具有清热补虚的作用，可以让新妈妈更好地补充体力。

原料：茭白 300 克，肉丝 100 克，葱花、高汤、水淀粉、盐各适量。

做法：

1 茭白削皮，切成片。

2 高汤、水淀粉调成芡汁。

3 锅置火上，放入油烧至五成热，放入茭白片、肉丝炒一下，然后放入葱花炒匀，加盐，烹入芡汁，炒至汁水略干即可。

明虾炖豆腐

营养功效：虾是产后虚弱的新妈妈很好的进补食物。明虾的通乳效果也很好，对产后乳汁分泌不畅的新妈妈尤为适宜。

原料：明虾 150 克，豆腐 100 克，姜片、盐各适量。

做法：

1 将明虾线挑出，去掉虾须，洗净；将豆腐切成小块。

2 将明虾、豆腐块放入沸水中汆烫，捞出。

3 锅中加水烧开，放入明虾、豆腐块和姜片，煮沸后撇去浮沫，转小火炖至虾肉熟透，加盐调味即可。

白菜炒猪肝

营养功效： 猪肝中含铁丰富，是最常见的补血食物。猪肝中的维生素 C 和硒，能增强新妈妈的免疫力。

原料： 白菜 250 克，熟猪肝 100 克，葱段、姜丝、盐、料酒、酱油、白糖各适量。

做法：

1 白菜洗净，切片；猪肝切片。

2 锅中倒油烧热，放入葱段、姜丝爆香。放入猪肝片、酱油翻炒，再加入料酒、盐、白糖炒至猪肝入味。

3 放入白菜片，炒至入味即可。

黄芪炖鸡汤

营养功效： 黄芪和当归同食有利于产后子宫复原、恶露排除，但有高血压的新妈妈要谨慎食用，避免血压波动。

原料： 公鸡 1 只，黄芪 10 克，当归 5 克，盐适量。

做法：

1 公鸡处理干净，用清水冲洗，剁成块；黄芪去粗皮，与当归分别洗净。

2 砂锅中加水后放入鸡块，烧开后撇去浮沫。

3 加黄芪、当归，小火炖 2 小时。出锅前加入盐调味即可。

虾仁馄饨

营养功效： 鲜肉虾仁馄饨是猪肉与虾仁的理想搭配，丰富的营养价值，可以补中益气、补肾壮阳、通乳排毒。

原料： 虾仁、猪肉、胡萝卜各 50 克，盐、香菜末、香油、葱、姜、馄饨皮各适量。

做法：

1 虾仁、猪肉、胡萝卜、葱、姜放在一起剁碎，加入油、盐拌匀。葱切成末。

2 把馅料包入馄饨皮中。将包好的馄饨放在沸水中煮熟，盛入碗中。加盐、香菜末、葱末、香油调味。

第 06 天 推荐食谱

鸡蓉玉米羹

营养功效：玉米中含有较多的铜，有助于新妈妈的睡眠；玉米中丰富的膳食纤维可加强肠壁蠕动，促进体内废物的排泄。

原料：鸡胸肉100克，玉米粒50克，鸡蛋1个，盐适量。

做法：

1. 玉米粒洗净；鸡胸肉洗净，切成和玉米粒大小相近的小丁；鸡蛋打散成蛋液。

2. 锅中加水，将玉米粒、鸡胸肉丁放入锅中大火煮开，撇去浮沫，转中火继续煮30分钟。

3. 将蛋液沿锅边倒入，待蛋液煮熟后加盐调味即可。

桂圆芡实粥

营养功效：桂圆有滋补强体、补心安神、养血的功效，对体弱贫血、产后体虚的人有补益，适合产后新妈妈食用。

原料：桂圆、芡实各15克，糯米30克，酸枣10克，蜂蜜适量。

做法：

1. 将糯米、芡实洗净，放入锅中；在锅中加入桂圆和适量清水，用大火煮沸。

2. 转小火煮30分钟，再加入酸枣煮熟，食用前调入蜂蜜即可。

蛤蜊豆腐汤

营养功效：蛤蜊含有丰富的蛋白质、脂肪、铁、钙、磷、碘等营养素，能帮助新妈妈缓解压力、安心睡眠。

原料：蛤蜊200克，豆腐100克，姜片、盐、香油各适量。

做法：

1. 清水中放入少许香油和盐，倒入蛤蜊，让蛤蜊彻底吐尽泥沙后，冲洗干净；豆腐切块。

2. 锅中放水、姜片、盐煮沸，将蛤蜊、豆腐块一同放入，用中火继续炖煮。

3. 待蛤蜊张开壳、豆腐熟透后关火即可。

香葱牛肉面

营养功效：牛肉中蛋白质的含量高，是人体所必需的，蛋白质可以增强大脑功能，皮肤也会更加紧致。

原料：切面200克，牛肉100克，胡萝卜1/2根，香油、酱油、葱末、姜丝、蒜末、盐各适量。

做法：

1 牛肉切丝；胡萝卜洗净切丝。将盐、酱油、蒜末、香油混合，调成调味汁，备用。

2 油锅烧热，放入葱末、姜丝炒香，放入牛肉丝炒熟。

3 另起锅将面条煮熟，捞出放入碗中。将胡萝卜丝、牛肉丝和调味汁倒入，搅拌均匀即可。

清蒸白灵菇

营养功效：白灵菇是食用和药用价值都很高的珍稀食用菌，含多种矿物质，具有增强人体免疫力、调节人体生理平衡的作用。

原料：白灵菇200克，西蓝花100克，白糖、白胡椒粉、水淀粉、香油、盐各适量。

做法：

1 锅中放水，放入白糖、白胡椒粉、盐煮沸。白灵菇切片，西蓝花掰成小朵，放入锅中，煮2分钟。

2 将白灵菇片均匀码在盘中，再码上西蓝花。将锅中的汤汁淋入盘中，大火蒸10分钟。

3 油锅烧热，放入水淀粉、香油，调成调味汁，淋在盘中。

山药扁豆糕

营养功效：山药具有调节血糖、预防血管老化、滋养细胞、增强机体造血功能、改善机体免疫功能的作用。

原料：山药250克，扁豆50克，陈皮、淀粉各适量。

做法：

1 山药去皮，切成薄片；陈皮切丝。将山药片、扁豆分别煮熟，晾凉后碾成泥状。

2 将山药泥、扁豆泥、淀粉和水搅拌成糊状，放入碗中，然后均匀撒入陈皮丝。

3 大火蒸15分钟后取出，晾至微温，切块即可。

第 07 天 推荐食谱

番茄炖豆腐

营养功效：番茄所富含的维生素A原，在人体内转化为维生素A，能促进骨骼生长，是哺乳期女性良好的进补食材。

原料：番茄2个，豆腐200克，盐适量。

做法：

1 番茄洗净，切块；豆腐冲洗干净，切片。

2 油锅烧热，放入番茄块，煸炒至呈汤汁状。

3 放入豆腐片，加水，大火烧开后转小火再煮10分钟。大火收汤，加盐调味即可。

干贝冬瓜汤

营养功效：冬瓜有利尿的作用，且含钠极少，所以是产后新妈妈消除水肿的理想选择。与干贝一起煮汤，营养更全面。

原料：冬瓜100克，干贝50克，姜片、盐、料酒各适量。

做法：

1 冬瓜去皮、去瓤，洗净，切片；干贝洗净，浸泡30分钟，去掉老肉。

2 干贝放入瓷碗内，加入料酒、水、姜片，隔水大火蒸10分钟。

3 冬瓜片、蒸好的干贝放入锅内，加水煮15分钟。出锅前加盐调味即可。

茄丁炸酱面

营养功效：茄子具有清热活血、消肿止痛的作用，可以缓解新妈妈产后伤口痛。茄子中的营养物质还可以提高人体免疫力。

原料：乌冬面200克，茄子1个，黄酱、葱、香菜、姜末、蒜末各适量。

做法：

1 茄子切丁；葱切段；香菜切末。油锅烧热，放入茄丁，炒至颜色变得金黄。

2 放入葱段、姜末和蒜末，继续翻炒。倒入黄酱，继续翻炒，制成炸酱。

3 锅中放水，将面条煮熟，捞出。浇上炸酱，撒上香菜末，搅拌均匀即可。

蒜蓉海带扣

营养功效:海带中的脂肪含量比较低,碳水化合物含量高,而且还含有丰富的钙,可以为产后新妈妈补充钙。

原料:海带200克,香油、蒜蓉、盐各适量。

做法:

1 海带冲洗干净,用水浸泡2小时。

2 将海带和泡海带的水一同放入锅中,煮5分钟。

3 捞出海带,过凉后切成长段,系扣,放入碗中。

4 将香油、蒜蓉、盐调成调味汁,和海带扣搅拌均匀即可。

银鱼苋菜汤

营养功效:银鱼富含蛋白质、钙、磷,可滋阴补虚,可让新妈妈头发更浓密。苋菜还能预防缺铁性贫血。

原料:银鱼200克,苋菜100克,蒜末、姜末、盐各适量。

做法:

1 银鱼洗净,沥干水分;苋菜洗净,切成段。

2 油锅烧热,撒入蒜末和姜末爆香,放入银鱼快速翻炒。

3 加入苋菜段,炒至微软,锅内加清水,大火煮5分钟,放盐调味即可。

牛肉炒菠菜

营养功效:牛肉具有补脾胃、益气血、强筋骨等功效,能够补血和修复组织。菠菜含铁丰富,能帮助产后妈妈补血。

原料:牛肉150克,菠菜100克,姜末、淀粉、白糖、酱油、盐各适量。

做法:

1 菠菜洗净,切长段;牛肉切薄片;将姜末、盐、白糖、酱油、淀粉加适量水调匀,放入牛肉片中拌匀。

2 锅中放油,烧热后,将牛肉片放入,大火快速翻炒。

3 将菠菜段倒入,再继续翻炒至牛肉熟烂即可。

伤口护理和母乳喂养问题

宝宝一定要吃初乳

宝宝出生后和妈妈的第一次亲密接触意义重大，无论是刺激妈妈分泌初乳，还是建立良好的母婴关系，都是非常重要的。

宝宝出生后就可以喂母乳了

尽早让宝宝尝到甘甜的乳汁，得到更多的母爱和温暖，减少出生时的陌生感。一般情况下，若分娩时妈妈、宝宝一切正常，出生后就可以让宝宝吸吮母乳了。

尽早让宝宝吸吮母乳，不仅能增加泌乳量，还可以促进奶管通畅，防止奶胀及乳腺炎的发生。新生儿也可通过吸吮和吞咽促进肠蠕动及胎便的排泄。早喂奶还能及早地建立起亲子感情。

开奶前不要喂糖水和牛奶

家里的老人经常在开奶前先喂宝宝喝一些糖水或者牛奶，民间称之为"开路奶"。这是为什么呢？原来，以前的宝宝开奶时间迟，要等出生后12小时才开始喂奶。为了怕宝宝饿坏，发生低血糖，便给宝宝喂些糖水。糖水比母乳甜，若喝惯了糖水，将影响宝宝对母乳的喜好。

与宝宝的第一次亲密接触

早接触、早吸吮是指宝宝出生后即可趴在妈妈的怀抱里，与妈妈亲密接触，并让婴儿吸吮母亲的乳头。这是婴儿的条件反射，只要有饥饿感就会自动寻觅奶头。当妈妈贴抱着宝宝时，要尽量使自己全身心放松，不需要什么技巧。当妈妈温柔地抚摸着这个轻轻蠕动、柔软温热的小身体时，想象着宝宝要在呵护和关爱中长大，积蕴了许久的母爱就会自然流露。

研究资料表明，早接触、早吸吮的妈妈奶量充足，坚持纯母乳喂养的时间也长。特别需提及的是，这些对剖宫产的妈妈也同样适用。

剖宫产妈妈照样有母乳

请一定牢记这一点。虽然剖宫产的分娩方式有别于自然分娩，新妈妈身体受损和体内泌乳素的迟至都会使剖宫产妈妈乳汁分泌不及顺产妈妈快。所以，剖宫产妈妈更要让宝宝频繁吸吮乳头，这是加快乳汁分泌的最有效的办法。

宝宝出生以后，越早让宝宝吮吸母乳越好，宝宝的吮吸是最好的催乳方式。

产后24小时密切关注出血量

产后出血后果是非常严重的，如果处理不及时会危及新妈妈的生命。家人要在产后24小时内密切关注新妈妈的出血量。一般产后24小时内阴道出血量达到或超过500毫升，称为产后出血。其原因与子宫收缩乏力、胎盘有残留、产道损伤等情况有关。一旦发现新妈妈阴道出血异常，一定要及时请医生诊断。

顺产的新妈妈应及早下床活动

如果是顺产妈妈，在产后6~8小时就可以下床活动，每次5~10分钟。如果会阴撕裂或侧切，应在12小时以后再活动，动作要慢，避免将缝合的伤口撕开。

产后第一次排尿会有疼痛感，这是正常现象，新妈妈不要担心。如果实在排不出，可以请医生进行药物治疗或导尿。如果是剖宫产妈妈，术后24小时应卧床休息，第二天再下床活动。

保持会阴清洁

很多会阴侧切的顺产妈妈心里都会有些担心，担心伤口恢复不好，影响以后的生活，其实这些担心没有必要。只要每日冲洗会阴部2次，保持会阴干净，并观察出血情况；大小便后用温水冲洗外阴；保持良好的心态，都能恢复得很好，更不会影响以后的生活。

剖宫产手术后6小时内不能枕枕头

新妈妈手术后回到病房，需要头偏向一侧、去枕平卧6个小时。头偏向一侧可以预防呕吐物的误吸，去枕平卧则可以预防头痛。6个小时后，可以垫上枕头，进行翻身。采取半卧位的姿势比平卧更有好处，可以减轻对伤口的震动和牵拉痛。同时，半卧位还可使子宫腔内的积血排出。

多翻身预防肠道粘连

忍住疼痛多翻身，是剖宫产妈妈尽快排气、恢复身体的一大秘诀。由于剖宫产手术对肠道的刺激，以及受麻醉药的影响，新妈妈在产后都会有不同程度的肠胀气，会感到腹胀。如果此时在家人的帮助下多做翻身动作，就会使麻痹的肠肌蠕动功能尽快恢复，从而使肠道内的气体尽早排出，可以解除腹胀，还可避免肠粘连。

剖宫产的妈妈在产后6小时以内应先平卧，之后再侧卧较好。

第三章
产后第2周补气养血阶段

进入产后第2周，新妈妈一定要加紧催乳，满足宝宝日益增长的吃奶量。与此同时，新妈妈身体还处于排除恶露的阶段，要注意补气养血、滋阴补阳，摄取足够的营养，促进身体的恢复。

新妈妈的身心变化

每天顺时针按摩腹部200圈，也可以缓解便秘状况。

乳房

作为宝宝的"粮袋"，做好乳房的保健是非常重要的。首先要做的是保持乳房的清洁，新妈妈必须经常清洁乳房，每次喂奶之前，都要把乳房擦洗干净。

胃肠

产后第2周，胃肠已经慢慢适应产后的状况了，但是对于非常油腻的汤水和食物多少还有些消化不良，不妨荤素搭配合理膳食，慢慢养胃。

子宫

在分娩刚刚结束时，因子宫颈充血、水肿，会变得非常柔软，子宫颈壁也很薄，皱起来如同一个袖口，1周之后才会恢复到原来的形状，第2周时子宫颈内口会慢慢关闭。

伤口

侧切后的伤口在这一周内还会隐隐作痛，下床走动时、移动身体时都有撕裂的感觉，但是力度没有第1周时强烈，还是可以承受的。

便秘的困扰少了许多，比较生产前的状况还没有什么规律可循，最好重新建立排泄规律，养成定时排便的习惯。

恶露

这1周恶露的排出明显减少，颜色也由暗红色变成了浅红色，有点血腥味，但不臭。新妈妈要留心观察恶露的质和量、颜色及气味的变化，以便掌握子宫恢复情况。

心理

回到家里后，新妈妈心里感觉无比亲切和温暖，熟悉的氛围和环境会让心情莫名地激动，看着婴儿床里熟睡的宝宝，满足感无以形容；对谁都想说说宝宝的乖巧可爱以及那难忘的生产历程。

本周月子餐重点

　　坐月子进补不能盲目进行，应讲究科学性，比如按体质进补就是产后进补的一个重要原则。体质较好、体形偏胖的新妈妈，月子期间应减少肉类的摄取，肉和蔬果的摄取比例宜维持在 2:8 左右；体质较差、体形偏瘦的新妈妈，可根据情况将这个比例调整到 4:6 左右；患有高血压、糖尿病的新妈妈则应多食用蔬果、瘦肉等低热量、高营养的食物。相反，如果不根据新妈妈的不同体质而盲目进补，会对新妈妈身体造成不良影响，进而会影响到宝宝。

可以适当补钙

　　由于分娩时血液的流失，产妇体内钙含量下降，骨骼更新钙的能力下降，通过哺乳供养新生儿也会令新妈妈流失钙。

　　研究表明，乳汁分泌量越大，钙的需求量就越大。如果此时新妈妈没有及时补充钙，很容易导致体内钙含量不足，影响产后恢复，并对宝宝生长发育造成影响。所以产后新妈妈需及时补充钙，宜多吃富含钙的食物。

红糖水喝 1 周左右即可

　　红糖既有补血功效，又可以为身体提供热量，是新妈妈产后的必备食材。产后第 1 周食用红糖水不仅能活血化瘀、补血，还能促进恶露排出。但红糖水也不能喝的时间过长，以免影响新妈妈的子宫复原。通常情况下，新妈妈喝红糖水的时间应控制在产后 7~10 天为宜。因此，这周新妈妈应该停止饮用红糖水了。

催乳应循序渐进

　　新妈妈产后的食疗，也应根据身体的生理变化特点循序渐进，不宜操之过急。尤其是新妈妈刚刚生产后，胃肠功能尚未恢复，乳腺才开始分泌乳汁，乳腺管还不够通畅，不宜食用大量油腻催乳食物。在烹调中少用煎炸，多吃些易消化的、带汤的炖菜，食物要以清淡为宜，遵循"产前宜清，产后宜温"的传统，少食寒凉食物，避免进食影响乳汁分泌的炒麦芽等。

中药煲汤要了解药性

产后有许多新妈妈希望用中药来调理身体，但不同的中药特点各不相同，用中药煲汤之前，必须掌握中药的寒、热、温、凉等性质。选材时，最好选择无任何副作用的当归、枸杞子、黄芪等材料。

第 **08** 天

推荐食谱

进入月子的第2周，新妈妈的伤口基本愈合。经过上一周的精心调理，胃口应该明显好转。这时需调理气血，可适量吃补血食物。前两周由于恶露未净，不宜大补，饮食重点应放在促进新陈代谢、排出体内过多水分上。

虽然在产后第2周新妈妈的胃口要比之前好了很多，但也要控制住食量，绝不能暴饮暴食。暴饮暴食只会让新妈妈的体重增加，造成肥胖，对身体恢复没有一点好处。对于哺乳妈妈而言，如果乳汁不充足，食量可以比孕期稍微增加一些即可。

五彩玉米羹

营养功效：玉米中富含膳食纤维，可以帮助产后新妈妈健脾开胃，预防便秘。产后多吃一些玉米，还可以缓解眼部疲劳。

原料：玉米粒100克，鸡蛋2个，豌豆30克，菠萝20克，枸杞子15克，冰糖、水淀粉各适量。

做法：

1 豌豆、玉米粒洗净；菠萝洗净，切丁后用盐水浸泡；枸杞子洗净，泡软；鸡蛋打散。

2 汤锅中加水，放入玉米粒、菠萝丁、豌豆、枸杞子、冰糖，同煮至玉米粒、豌豆熟软，用水淀粉勾芡。

3 将鸡蛋液淋入锅中，烧开即可。

乌鸡蘑菇汤

营养功效：此汤富含蛋白质和微量元素，对哺乳妈妈有很好的滋补作用，更重要的是可以帮助新妈妈催乳。

原料：乌鸡1只，鲜香菇5朵，料酒、葱段、姜片、盐各适量。

做法：

1 将乌鸡除去内脏，洗净，斩块；香菇洗净，去蒂，切花刀。

2 将姜片放入锅中，加入清水煮沸，放入乌鸡块，加入料酒、葱段，用小火焖煮至熟烂。

3 放入香菇，再炖10分钟，加入盐调味即可。

香菇酿豆腐

营养功效：香菇富含B族维生素、铁、钾等，豆腐易于消化吸收，含钙量也很高。此菜做法简单，味道爽滑浓郁，营养丰富。

原料：豆腐300克，鲜香菇5朵，榨菜、酱油、白糖、香油、盐、水淀粉各适量。

做法：

1 豆腐洗净，切成小块，中心挖空。

2 香菇、榨菜剁碎，用油、盐、水淀粉搅拌均匀，调入少许白糖搅匀，当作馅料。

3 将馅料酿入豆腐中心，摆在碟上蒸熟，淋上香油、酱油即可。

猪肚粥

营养功效：猪肚富含蛋白质、脂肪、矿物质等营养成分，具有补虚损、健脾胃的功效。哺乳妈妈常食此粥可补中益气。

原料：猪肚100克，大米50克，面粉、盐、葱花各适量。

做法：

1 将猪肚用面粉洗净，切成细丝，放入沸水锅烫一下，捞出。

2 把大米洗净，与猪肚丝一起放入锅内，加清水适量，置于火上。

3 大火煮沸后，转用小火煮至猪肚熟烂粥稠，加入盐调味，撒上葱花即成。

第 09 天 推荐食谱

陈皮海带粥

营养功效：此粥是祛寒、理气、安神的滋补佳品，对新妈妈有稳定情绪，帮助睡眠的作用，可以晚餐时食用。

原料：海带、大米各50克，陈皮、红糖各适量。

做法：

1 海带用水浸泡2小时，切成丝。

2 大米放入锅中，加适量水，大火煮沸。

3 陈皮切末，和海带丝一同放入锅中，不停地搅动。

4 小火煮至粥熟，出锅前加红糖调味即可。

猪蹄茭白汤

营养功效：猪蹄可以促进骨髓增长，并含有大量的大分子胶原蛋白，对皮肤具有滋养作用，新妈妈食用可以美肤养颜。

原料：猪蹄200克，茭白片50克，葱段、姜片、盐、料酒各适量。

做法：

1 将猪蹄收拾干净后，放入锅内，加水，水没过猪蹄即可。将料酒、葱段、姜片也一同放入锅内，大火煮沸。撇去汤中的浮沫，以保证汤的清透。改用小火将猪蹄炖至酥烂。

2 猪蹄酥烂后放入切好的茭白片，再煮5分钟，加入盐调味即可。

益母草木耳汤

营养功效：木耳具有较强的吸附作用，是新妈妈排出体内毒素的好帮手。益母草有活血的作用，可防治缺铁性贫血。

原料：益母草、枸杞子各10克，木耳20克，冰糖适量。

做法：

1 益母草洗净后用纱布包好，扎紧口，备用。枸杞子洗净。

2 木耳用清水泡发后，去蒂洗净，撕成小片。

3 锅置火上，放入清水、益母草包、木耳、枸杞子用中火煎煮30分钟。

4 出锅前取出益母草药包，汤中放入冰糖调味即可。

三丝黄花羹

营养功效：黄花菜有通乳的作用，配以滋补强身、延缓机体衰老的香菇，对新妈妈产后身体恢复很有益处。

原料：干黄花菜 50 克，鲜香菇 3 朵，冬笋、胡萝卜各 25 克，盐适量。

做法：

1 干黄花菜用温水泡软，掐去老根洗净，沥水；鲜香菇、冬笋、胡萝卜洗净，切丝。

2 油锅烧热，放入黄花菜、冬笋丝、香菇丝、胡萝卜丝煸炒至断生。

3 加入清水、盐，用小火煮至黄花菜熟透、入味即可。

卤鹌鹑蛋

营养功效：鹌鹑蛋的调补、养颜、美肤功用显著，它含蛋白质、卵磷脂、赖氨酸等，具有养颜、美肤的作用。

原料：鹌鹑蛋 10 个，八角 2 个，香叶 2 片，花椒粒、桂皮、姜片、老抽、盐各适量。

做法：

1 锅中加适量水，倒入所有调味料，大火煮沸，制成卤汁。

2 放入鹌鹑蛋，中火煮 5 分钟左右，煮至鹌鹑蛋熟透。

3 捞出鹌鹑蛋，用勺子轻轻敲打鹌鹑蛋蛋壳，不要敲得太碎；将鹌鹑蛋放入容器中，倒入卤汁，静置 2 小时即可。

尖椒素肉丝

营养功效：尖椒含有丰富的维生素 C、叶酸、镁及钾等营养成分，具有温中散寒、开胃消食的功效。

原料：尖椒 2 个，素肉丝 200 克，生抽、醋、盐各适量。

做法：

1 尖椒切成细丝；素肉丝用水浸泡 5 分钟，捞出，用手挤去水分。

2 油锅烧热，放入素肉丝，翻炒片刻后放入尖椒丝，大火炒香。

3 淋入生抽、醋，加盐调味即可。

第 10 天 推荐食谱

黄豆猪蹄汤

营养功效：黄豆含有丰富的维生素及蛋白质；猪蹄可以滋养皮肤、活血脉，新妈妈乳汁分泌不足时，可食用这款汤。

原料：猪蹄 1 个，黄豆 30 克，葱段、姜块、盐、黄酒各适量。

做法：

1 猪蹄刮洗干净，顺猪爪劈成两半；黄豆洗净，泡涨。

2 砂锅置火上，倒入清汤，放入猪蹄、黄豆、葱段、姜块、黄酒。

3 大火烧开，撇去浮沫，小火炖至猪蹄软烂，加入盐调味即可。

小米鳝鱼粥

营养功效：此粥含有丰富的蛋白质、碳水化合物，有益气补虚的功效，有利于哺乳妈妈的身体恢复。

原料：小米 100 克，鳝鱼肉 50 克，胡萝卜半根，白糖、盐各适量。

做法：

1 将小米洗净；鳝鱼肉切成段；胡萝卜切成小块。

2 在砂锅中加入适量清水，烧沸后放入小米，用小火煲 20 分钟。

3 放入鳝鱼肉段、胡萝卜煲 15 分钟。熟透后，放入白糖、盐调味即可。

木耳炒鸡蛋

营养功效：木耳具有益气强智、止血止痛、清肺益气的功效，是产后贫血的妈妈理想的补益食物。

原料：鸡蛋 2 个，水发木耳 50 克，香菜段、盐各适量。

做法：

1 将水发木耳择洗干净，撕成小块；鸡蛋打入碗中，加盐打散。

2 油锅烧热，将鸡蛋液倒入锅中搅散翻炒成块。

3 另起油锅，将木耳块下入锅中翻炒片刻，放入炒好的鸡蛋块炒匀，加盐、香菜段调味即可。

山药炖鸡

营养功效：此菜能促进新妈妈的肠胃消化吸收，是很好的增加食欲、补充体力的佳肴。山药的热量很低，不会给身体增加过多热量。

原料：山药 150 克，鸡腿 250 克，香菇 6 朵，料酒、酱油、白糖、盐各适量。

做法：

1 山药洗净去皮，切厚片；香菇泡软，去蒂，切十字花刀。鸡腿洗净，剁成块，余烫。

2 将鸡腿块、香菇放入锅内，放入料酒、酱油、白糖、盐和水同煮。开锅后转小火，10 分钟后放入山药片，煮至汤汁稍干即可。

烧四宝

营养功效：玉米具有调中开胃、益肺宁心的作用，丰富的食材搭配，可以缓解新妈妈产后便秘的症状。

原料：素鸡 200 克，土豆 2 个，玉米 1 根，扁豆 100 克，豆瓣酱、葱段、盐各适量。

做法：

1 玉米蒸熟，切块；土豆去皮，切块；扁豆掰成段；素鸡切块，放入沸水中煮 2 分钟，捞出。

2 锅中放入葱段爆香，放入扁豆段、素鸡块翻炒，倒入豆瓣酱，翻炒片刻后，倒入玉米块、土豆块和适量水，小火炖 15 分钟，出锅前加盐调味即可。

红豆醪糟蛋

营养功效：醪糟可益气、生津、活血、散结、消肿。用醪糟煮蛋，再加入红糖，是新妈妈的滋补佳品。

原料：红豆 50 克，糯米醪糟 200 毫升，鸡蛋 1 个，红糖适量。

做法：

1 将红豆洗净，用清水浸泡 1 小时。

2 浸泡好的红豆和清水一同放入锅内，用小火将红豆煮烂。

3 糯米醪糟倒入煮烂的红豆汤内，烧开。

4 打入鸡蛋，待鸡蛋凝固熟透后，加入适量红糖即可。

第 **11** 天　推荐食谱

田园糙米饭

营养功效：糙米能辅助治疗便秘，净化血液，有增强体质的作用，是产后新妈妈需要补充的食材。

原料：胡萝卜1根，糙米100克，玉米粒、鲜香菇、葱末、盐各适量。

做法：

1 糙米用水浸泡2小时，然后放入锅中，加水煮熟，晾凉。

2 鲜香菇和胡萝卜切丁。玉米粒放入锅中，大火煮5分钟，捞出。

3 油锅烧热，放入葱末爆香，然后放胡萝卜丁，翻炒出香味。放入玉米粒、香菇丁，大火翻炒2分钟。放入糙米饭，翻炒均匀后，加盐调味即可。

果仁菠菜

营养功效：菠菜中丰富的铁质可以改善缺铁性贫血，让面色更加红润光泽，是预防贫血的好食材。

原料：菠菜200克，花生仁、陈醋、白糖、香油、盐各适量。

做法：

1 锅中放油，将花生仁倒入，小火炸至花生仁变脆。

2 将菠菜焯烫至变色，捞出过凉。将菠菜、花生仁放入容器中。

3 用陈醋、白糖、香油、盐调成调味汁，淋入容器中，搅拌均匀即可。

鸭血豆腐汤

营养功效：此汤蛋白质含量丰富，含有人体必需的氨基酸，对于产后新妈妈调养、瘦身都很有好处。

原料：鸭血50克，豆腐100克，香菜、高汤、水淀粉、醋、盐各适量。

做法：

1 香菜洗净，切末。

2 鸭血和豆腐在淡盐水中泡一下，切条，放入煮开的高汤中炖熟。加醋、盐调味。

3 用水淀粉勾薄芡，撒上香菜末即可。

丝瓜金针菇

营养功效：金针菇中含锌量比较高，有促进宝宝智力发育和健脑的作用，不愧为"益智菇"，哺乳妈妈营养好，宝宝发育好。

原料：丝瓜、金针菇各 100 克，水淀粉、盐各适量。

做法：

1 丝瓜洗净，去皮，切段，加盐腌一下；金针菇洗净，放入开水中焯一下，捞出并沥干水分。

2 油锅烧热，放入丝瓜段，快速翻炒，然后放入金针菇同炒，加盐调味。

3 出锅前加水淀粉勾芡，翻炒均匀即可。

牛筋花生汤

营养功效：此汤具有补肝养血、益气健脾的作用。产后新妈妈需要快速恢复体力，可以多食用一些。

原料：牛蹄筋 100 克，花生仁 50 克，红枣 5 颗，当归 5 克，盐适量。

做法：

1 牛蹄筋去掉肉皮，在清水中浸泡 4 小时后，洗净，切成细条。花生仁、红枣洗净。

2 用清水把当归洗净，放入水中浸泡 30 分钟，切片。

3 砂锅加清水，放入牛蹄筋条、花生仁、红枣、当归片，大火煮沸后，改用小火炖至牛蹄筋条烂熟，最后加盐调味即可。

鱼香肝片

营养功效：这道菜可以养血补肝，清心明目。产后 2 周内即可食用，但注意不要大量食用，每周两次即可。

原料：猪肝 150 克，青椒 1 个，盐、葱末、姜末、蒜末、酱油、白糖、米醋、水淀粉各适量。

做法：

1 将青椒洗净，切末；猪肝洗净，切片，用盐及部分水淀粉浸泡；将白糖、酱油、米醋、高汤及剩余的水淀粉调成粉芡。

2 油锅烧热，放入姜末、蒜末、葱末、青椒末爆香，加入浸好的猪肝急炒至熟烂，淋入粉芡炒匀即成。

第 12 天 推荐食谱

银耳桂圆汤

营养功效：桂圆含丰富的糖类和蛋白质等，含铁量也比较高，可在补充营养的同时促进血红蛋白再生，从而达到补血的效果。

原料：银耳1朵，桂圆肉15克，冰糖适量。

做法：

1. 银耳泡发，去根部、撕成朵；桂圆肉洗净。

2. 将银耳、桂圆肉放入砂锅中，加适量清水，中火煲45分钟。

3. 放入冰糖，小火煮至冰糖溶化即可。

茭白炒鸡蛋

营养功效：茭白不仅具有通乳功效，还能起到利尿、除烦渴的作用，适合患高血压的新妈妈食用。

原料：茭白100克，鸡蛋2个，葱段、高汤、盐各适量。

做法：

1. 茭白去皮，切丝；将鸡蛋打入碗内，加少量盐调匀。

2. 锅中加入油烧热，倒入鸡蛋液，炒成块。

3. 另起锅，锅中加入油烧热，放入葱段爆香，加入茭白丝翻炒几下。加入盐、高汤继续翻炒，待汤汁干、茭白熟时倒入炒好的鸡蛋，翻炒均匀。

香菇炒芦笋

营养功效：芦笋含有丰富的B族维生素、维生素A以及叶酸、硒、铁、锰、锌和人体所必需的多种氨基酸，营养很全面。

原料：芦笋4根，鲜香菇6朵，蒜片、生抽、盐各适量。

做法：

1. 香菇用温水浸泡20分钟，切片。芦笋切段。

2. 锅中加水大火煮沸，放入适量油、盐，然后放入芦笋段，焯烫2分钟后，捞出过凉。

3. 油锅烧热，放入蒜片爆香，然后放入香菇片、芦笋段翻炒，淋入生抽，翻炒至香菇熟透后加盐调味即可。

荸荠银耳汤

营养功效：提高人体新陈代谢水平，增强免疫力和抗病力，同时促进钙、镁、铁等矿物质吸收。

原料：荸荠 4 个，银耳 1 朵，高汤、枸杞子、冰糖、盐各适量。

做法：

1 将荸荠去皮洗净，切薄片，放清水中浸泡 30 分钟。

2 银耳用温水泡开，洗去杂质，用手撕成小块；枸杞子泡软，洗净。

3 锅置火上，放入高汤、银耳、冰糖煮 30 分钟，加入荸荠片、枸杞子和盐，用小火煮 10 分钟，撇去浮沫。

乌鱼通草汤

营养功效：通草味甘，能清热利湿；乌鱼能促进伤口愈合，富含蛋白质、脂肪、钙、磷、钾、铁，此汤适于剖宫产妈妈食用。

原料：乌鱼 1 条，通草 4 根，葱段、盐、黄酒各适量。

做法：

1 将乌鱼去鳞及内脏，洗净。

2 锅中放入适量水，将乌鱼和通草、葱段、盐、黄酒放进锅中，将乌鱼炖熟即可。

葱烧海参

营养功效：此道菜可滋阴、补血、通乳，增强机体的免疫力，可以帮助产后体虚缺乳的新妈妈提高泌乳量。

原料：海参 2 个，葱、白糖、水淀粉、酱油、料酒、盐、熟猪油各适量。

做法：

1 海参去肠，切成大片，用开水焯烫一下捞出；葱切段。

2 锅中放入熟猪油，烧到八成热放入葱段，炸成金黄色捞出，葱油倒出一部分备用。

3 将留在锅中的葱油烧热，放入海参，调入酱油、白糖、盐、料酒，用中火煨熟海参，调入水淀粉勾芡，淋入备用的葱油即可。

第 13 天 推荐食谱

奶香麦片粥

营养功效： 燕麦中含有丰富的亚油酸，对水肿、便秘等有辅助疗效，能持续稳定地提供能量，对新妈妈增强体力大有裨益。

原料： 大米 30 克，鲜牛奶 250 毫升，燕麦片、高汤、白糖各适量。

做法：

1 将大米洗净，加入适量水浸泡 30 分钟。

2 在锅中加入高汤，放入大米，大火煮沸后转小火煮至米粒软烂黏稠。

3 米锅中加入鲜牛奶，煮沸后加入麦片、白糖，拌匀，盛入碗中即可。

豆豉蒸南瓜

营养功效： 南瓜中 β - 胡萝卜素含量很高，这是一种类胡萝卜素，它会变成维生素 A，对保持眼部健康有很好的作用。

原料： 南瓜 300 克，豆豉、盐各适量。

做法：

1 南瓜去皮去瓤，切块，放入盘中。蒸锅中倒入水，大火煮沸。

2 将南瓜块放入蒸锅中，转小火蒸 10 分钟。

3 另起锅，油锅烧热，放入豆豉大火炒香，将豆豉倒在蒸熟的南瓜块上即可。

豌豆炒鸡丁

营养功效： 豌豆含有丰富的 B 族维生素，可以乌发明目、消炎抗菌、增强新陈代谢。食用豌豆对新妈妈的身体恢复有帮助。

原料： 鸡胸肉 100 克，豌豆 50 克，胡萝卜半根，葱段、淀粉、盐各适量。

做法：

1 胡萝卜去皮，洗净，切成小丁。鸡胸肉洗净，切成小丁，用淀粉上浆。

2 锅内放油烧热，放入葱段煸出香味，然后下鸡胸肉丁炒至变色，加入豌豆、胡萝卜丁，用大火快炒至熟，加盐调味即可。

三文鱼豆腐汤

营养功效：三文鱼所含的 $\Omega-3$ 脂肪酸是脑部、视网膜及神经系统所必不可少的物质，有增强大脑功能的作用。

原料：三文鱼肉 150 克，豆腐 250 克，油菜、姜片、枸杞子、料酒、盐各适量。

做法：

1 锅中烧水，放入料酒、盐，煮沸。三文鱼肉洗净，切块，放入锅中余烫。豆腐洗净，切块。

2 将三文鱼块、豆腐块、姜片、料酒、枸杞子加水同煮，炖 30 分钟。

3 放入洗净的油菜稍煮，加盐调味即可。

西芹炒百合

营养功效：西芹富含蛋白质、碳水化合物、矿物质，具有降血压、健胃、利尿等功效；百合具有清火、润肺、安神的功效。

原料：百合 50 克，西芹 300 克，葱段、姜片、盐、高汤、水淀粉各适量。

做法：

1 百合洗净，掰成片；西芹洗净，切段，在开水中焯一下。

2 油锅烧热，放葱段、姜片煸炒几下，加入百合、西芹继续翻炒。

3 加高汤、盐调味，起锅前用水淀粉勾薄芡即可。

木瓜鲈鱼汤

营养功效：木瓜能健脾胃、助消食，并能润肺燥；鲈鱼可以补血、健脾、益气，两者搭配营养丰富又全面。

原料：木瓜 150 克，鲈鱼 1 条，红枣 5 颗，姜、盐各适量。

做法：

1 鲈鱼去鳞、鳃、内脏，洗净，切块；木瓜去皮、子，洗净，切块；姜切片；红枣洗净。

2 在油锅中爆香姜片，将鲈鱼放入锅中，两面煎至金黄色。

3 将适量清水倒入砂锅中，烧沸后放入鲈鱼、木瓜和红枣，大火烧沸后用小火煲 20 分钟，最后加盐调味即可。

第 14 天 推荐食谱

腐乳烧芋头

营养功效：芋头能益脾胃、调中气。芋头中含有多种微量元素，新妈妈适量食用一些，能增强人体的免疫力。

原料：芋头300克，红腐乳2块，葱末、蒜末、胡椒粉、白糖、水淀粉、盐各适量。

做法：

1 芋头去皮，切块，放入油锅中炸至起皱，捞出沥油。

2 红腐乳碾碎，加葱末、蒜末、胡椒粉、白糖、盐搅拌均匀，淋在芋头上。

3 将芋头放入盘中，上锅蒸10分钟，取出。用水淀粉勾芡，淋在芋头上即可。

木瓜煲牛肉

营养功效：木瓜具有补虚、通乳的功效，可以帮助新妈妈分泌乳汁，母乳喂养得好，宝宝成长更健康。

原料：木瓜100克，牛肉200克，盐适量。

做法：

1 木瓜剖开，去皮去子，切成小块。

2 牛肉洗净，切成小块，放入沸水中除去血水，捞出。

3 将木瓜、牛肉加水用大火烧沸，再用小火炖至牛肉烂熟后，加盐调味即可。

红豆花生乳鸽汤

营养功效：乳鸽的肉质细嫩，滋养作用强。此汤味道鲜美，富含蛋白质，是不可多得的补益佳肴。

原料：红豆、花生、桂圆肉各30克，乳鸽1只，盐适量。

做法：

1 红豆、花生、桂圆肉洗净，浸泡1小时。

2 乳鸽洗净，斩块，在沸水中烫一下，去除血水。

3 在砂锅中放入适量清水，烧沸后放入乳鸽肉、红豆、花生、桂圆肉，用大火煮沸后，改用小火煲，煲至乳鸽熟烂后加盐调味即可。

金汤竹荪

营养功效：竹荪含有多种氨基酸、维生素、矿物质等，具有滋补强壮、益气补脑的功效，可以帮助新妈妈提高机体免疫力。

原料：竹荪 4 根，芦笋 200 克，南瓜 100 克，水淀粉、盐各适量。

做法：

1 竹荪用水泡至发软，切段。南瓜去皮、瓤，切块，大火蒸熟后碾成泥。芦笋用盐水浸泡 5 分钟，除去根部的粗皮。

2 锅中倒入水，放入芦笋、竹荪段，煮 5 分钟，捞出码盘。油锅烧热，放入南瓜泥煸炒，倒入水，大火煮沸后加盐、水淀粉制成金汤，淋入盘中即可。

栗子扒白菜

营养功效：白菜富含膳食纤维和矿物质，栗子含有丰富的维生素，两者搭配可以补充新妈妈需要的营养。

原料：白菜心 200 克，栗子 100 克，葱段、姜末、水淀粉、盐各适量。

做法：

1 白菜心洗净，切成小片；栗子洗净，放入热水锅中煮熟，取出备用。

2 油锅烧热，放入葱段、姜末炒香，接着放入白菜片与栗子，炒熟后用水淀粉勾芡，加盐调味即可。

油菜蘑菇汤

营养功效：油菜含有大量胡萝卜素和维生素 C，有助于增强机体免疫能力。油菜含钙量也较高，是新妈妈补钙的食物来源。

原料：油菜心 100 克，鲜香菇 30 克，盐、香油各适量。

做法：

1 油菜心洗净，从根部剖开；鲜香菇洗净，切块。

2 将油烧至八成热，放入油菜心煸炒，之后加入适量水，放入香菇、盐，用大火煮熟，最后淋上香油即可。

身体恢复和母乳喂养问题

年轻妈妈都爱美丽，为了收紧松垮的肚子，不少人会选择绑腹带。其实是否用腹带要因人而异。对哺乳的新妈妈来说，使用腹带束缚，会勒得胃肠蠕动减慢，影响食欲，造成营养失调，乳汁减少。剖宫产的新妈妈在手术后的 7 天内最好使用腹带包裹腹部，可以促进伤口愈合，腹部拆线后不宜长期使用腹带。

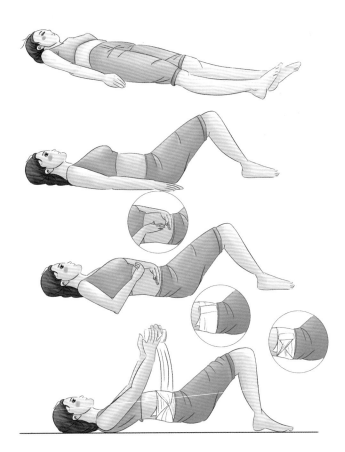

腹带的选择及绑法

如何选择腹带：长约 3 米，宽 30~40 厘米，有弹性，透气性好。可以准备两三条以便替换。

绑法及拆法：

1 仰卧、平躺、屈膝、脚底平放在床上、臀部抬高。

2 双手放至下腹部，手心朝下向前往心脏处推、按摩。推完，拿起腹带从髋部耻骨处开始缠绕，前 5~7 圈重点在下腹部重复缠绕，接着每圈挪高大约 2 厘米由下往上环绕直到盖过肚脐，再用回形针固定。拆下时边拆边将腹带卷成圆筒状，方便下次使用。如果新妈妈太瘦，髋骨突出，腹带无法紧贴肚皮，须先垫上毛巾后再绑腹带。

注意预防乳腺炎

当宝宝最需要母乳的时候，却偏偏是新妈妈最容易得乳腺炎的时候。发病时主要表现为乳腺红肿、疼痛，严重者会化脓，并形成脓肿，还常伴有发热、全身不适等症状。乳腺发炎还会影响宝宝吃奶。因此，积极预防乳腺炎也就显得相当有必要了。

在哺乳时要保持乳头清洁，避免损伤，能减少感染途径。不要让剩下的乳汁淤积在乳房中，每次喂奶要将乳汁吸空，可用吸奶器吸空，以减少细菌繁殖的机会。

选择适合的哺乳姿势

抱着软软的小家伙，看着他水汪汪的大眼睛，笨笨地不知道该怎么喂奶。在这里，给新妈妈介绍几种常见的哺乳姿势，新妈妈可以从中找到最适合自己的哺乳姿势。

摇篮式：妈妈坐在床上或椅子上，用一只手臂的肘关节内侧支撑住宝宝的头，让他的腹部紧贴住妈妈的身体，用另一只手托着乳房，将乳头和大部分乳晕送到宝宝口中。

交叉摇篮式：交叉摇篮式和传统的摇篮式看似一样，其实是有区别的。当宝宝吸吮左侧乳房时，是躺在妈妈右胳膊上的。此时，妈妈的右手扶住宝宝的脖子，轻轻地托住宝宝，左手可以自由活动，帮助宝宝更好地吸吮。

鞍马式：宝宝骑坐在妈妈的大腿上，面向妈妈，妈妈用一只手扶住宝宝，另一只手托住自己的乳房。

足球式：让宝宝躺在床上，将宝宝置于手臂下，头部靠近胸部，然后在宝宝头部下面垫上一个枕头，让宝宝的嘴能接触到乳头。

侧卧式：妈妈向一方侧躺，然后让宝宝在面向乳房，妈妈手托乳房将乳头送到宝宝的口中。

半卧式：在宝宝头下垫个枕头，妈妈把宝宝抱在怀中，一只手托住宝宝背部和臀部，另一只手帮助宝宝吃奶。

母乳少，试试混合喂养

母乳是新生儿最好的食物，可是很多妈妈会面临母乳不足或不能按需哺乳的情况，这该怎么办呢？不用着急，此时可以采取混合喂养，既能保证宝宝的营养供给，又不会导致妈妈回乳。而且随着情况的改观，还有可能实现纯母乳喂养。

遇到母乳不足的情况时，新妈妈要审慎处理，不可轻易添加配方奶或其他代乳品。宝宝出生后 15 天内，母乳分泌不足时，要尽量增加吸吮母乳的次数，只要有耐心和信心，乳汁是会逐渐多起来的。如果出生半个月内，宝宝每次吃完奶后都哭，应注意监测体重，只要每 5 天增加 100~150 克，即使每次都吃不饱，也不必急于加喂配方奶。

混合喂养最容易发生的情况就是放弃母乳喂养。新妈妈一定要坚持给宝宝喂奶。有的新妈妈奶下奶比较晚，但随着产后身体的恢复，乳量可能会不断增加。如果放弃了，就等于放弃了宝宝吃母乳的希望，希望妈妈们能够尽最大的力量用自己的乳汁哺育可爱的宝宝。

第四章
产后第 3 周缓慢进补阶段

　　产后第 3 周开始是新妈妈身体快速恢复到孕前状态的时期，这一周属于滋补调养期，不需要大量的进补，只需要营养搭配均衡，然后搭配些滋补的食材，这样有助于营养吸收。

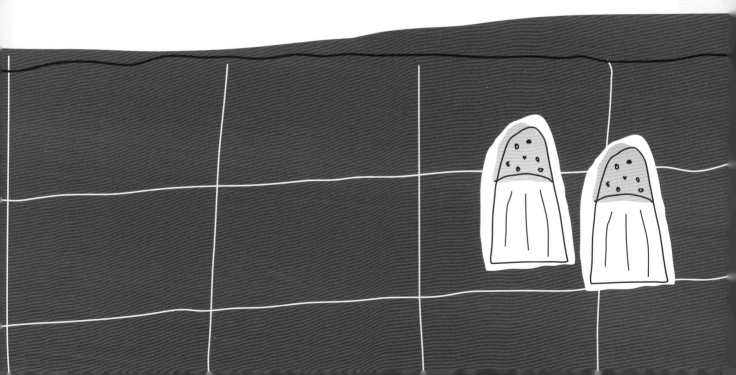

新妈妈的身心变化

滋补的高汤都比较油腻，容易刺激胃肠，导致出现腹痛或是腹泻。

乳房

　　产后第3周，乳房开始变得比较饱满，肿胀感也在减退，清淡的乳汁渐渐浓稠起来。每天哺喂宝宝的次数增多，偶尔会有漏乳的现象产生，新妈妈要及时更换乳垫。

　　注意三餐营养的合理搭配，早餐可多摄取五谷杂粮类食物，中餐可以多喝些滋补的高汤，晚餐要加强蛋白质的补充，加餐则可以选择桂圆粥、荔枝粥、牛奶等。

胃肠

　　通过产后2周的调整和进补，胃肠已适应了少食多餐、汤水为主的饮食。现在妈妈吃什么宝宝就会吸收什么，但为了催乳而喝比较油腻的汤，会使新妈妈有轻微的腹泻。如果新妈妈出现这种状况，需要每餐适量减少一点催乳汤的摄入量，增加些淀粉类食物。

伤口及疼痛

　　会阴侧切的伤口已没有明显的疼痛，但是剖宫产妈妈的伤口内部会出现时有时无的疼痛，只要不持续疼痛，没有分泌物从伤口处溢出，大概再过2周就可以完全恢复了。

子宫

　　产后第3周，子宫基本收缩完成，已恢复到骨盆内的位置，最重要的是子宫内的污血快完全排出了。

恶露

　　产后第3周是白色恶露期，此时的恶露已不再含有血液，而含有大量的白细胞、表皮细胞和细菌，使恶露变得黏稠而色泽较白。

催乳为主，补血为辅

宝宝的需求增大了，总是把妈妈的乳房吃得瘪瘪的，催乳成为新妈妈当前进补最主要的目的。哺乳期大概为一年的时间，所以产后初期保证良好的乳汁分泌和乳腺畅通，会给整个哺乳期提供保障。

恶露虽然已经排得差不多了，但是生产时的大量失血让新妈妈的身体状况也发出"警报"，总感觉疲劳乏力，提不起精神，醒来后偶尔还有眩晕的感觉，简单而方便的补血方式，随时可以进行，红枣茶、红枣粥都是方便易做的好补品。

喝汤也吃肉

产后的营养原则是易消化、多汤水、荤素搭配、营养均衡。有的人认为炖的汤比汤中的肉有营养，所以炖鸡汤时，只喝汤不吃肉，这是不合理的饮食方式。其实，鸡汤中绝大部分营养还留在鸡肉中，所以喝汤时一定要把炖的肉一起吃下。

适当吃些清火食物

新妈妈在月子中吃了很多大补的食物，再加上宝宝的到来打乱了原来的生活节奏，新妈妈很容易上火。新妈妈一旦上火，身体健康便会受影响，不利于产后调养，而且还会对乳汁有所影响。所以新妈妈要注意照顾好自己，此时应当多吃一些清火的食物，如荸荠、苹果、芹菜等。

第 **15** 天

推荐食谱

产后第 3 周，新妈妈的身体基本已经恢复，此时关注点逐渐转移到瘦身和美肤上。维生素有利于新妈妈伤口的愈合，还可防止皮肤衰老，丰富的维生素还可以提高乳汁质量。所以新妈妈可以适当吃些富含 B 族维生素、维生素 A、维生素 C 等的食物。

月子中的主食，新妈妈可以有很多选择，比如，小米可开胃健脾、补血健脑、助安眠，适合产后食欲不振、失眠的新妈妈；大米可活血化瘀，用于防治产后恶露不净、淤滞腹痛；糯米适用于产后体虚的新妈妈；燕麦富含 B 族维生素，也是不错的补益佳品。主食多样化能满足人体多种营养需要，营养均衡合理，进而达到强身健体的目的。

荔枝红枣粥

营养功效： 荔枝含有丰富的维生素 C 和蛋白质，有助于增强机体免疫力，而且对脑组织有补养作用。还能改善新妈妈失眠与健忘的症状。

原料： 荔枝 50 克，红枣 5 颗，大米 100 克。

做法：

1 将大米淘洗干净，用清水浸泡 30 分钟。

2 荔枝去壳取肉，用清水洗净；红枣洗净。

3 将大米与荔枝肉、红枣一同放入锅内，加清水，大火煮沸后转小火煮至米烂粥稠即可。

杜仲排骨汤

营养功效：杜仲有补肝、补肾、暖子宫、通便利尿的作用，与排骨炖汤可以缓解新妈妈产后腰部酸痛。

原料：排骨200克，杜仲10克，米酒、姜片、盐各适量。

做法：

1 将杜仲洗净，加入米酒用小火焖熬30分钟，去渣取汁。

2 将排骨用沸水烫一下去血水，将排骨、姜片、杜仲药汁放入碗内。

3 盖上盖子，放入锅内隔水炖煮1小时左右，最后加盐调味即可。

蛤蜊炖蛋

营养功效：此道菜清淡美味，营养搭配合理，易于消化，非常适合产后新妈妈食用。但脾胃虚弱的新妈妈应少食。

原料：蛤蜊150克，鸡蛋1个，姜片、葱段、香油、料酒、盐各适量。

做法：

1 蛤蜊用盐水浸泡2小时，洗净。锅中放水，放姜片、葱段、料酒；再放入蛤蜊，煮至开口。

2 鸡蛋打散，加入少许盐和适量温水调匀。

3 将蛤蜊放入蒸盘中，倒入蛋液，用小火蒸10分钟左右，等蛋液完全凝固后关火。食用时淋少许香油即可。

菠菜蛋花汤

营养功效：番茄可以增强人体抵抗力；菠菜富含膳食纤维，有促进肠道蠕动的作用，便秘的新妈妈可适当食用一些。

原料：番茄1个，菠菜100克，鸡蛋1个，香油、盐各适量。

做法：

1 番茄洗净，切片；菠菜洗净，切成段，用热水烫一下；鸡蛋打散。

2 油锅烧热，放入番茄煸炒，加入适量水烧开，然后放入烫过的菠菜段，淋入蛋液，加盐调味，稍煮。

3 出锅时淋入香油即可。

第 16 天 推荐食谱

虾仁焖面

营养功效：虾可以舒缓神经，能起到镇静的作用，是辅助治疗神经衰弱的常用食疗食材。产后睡眠质量不佳的新妈妈可以食用一些。

原料：鸡蛋面 150 克，虾仁 100 克，芹菜 50 克，香菇 4 朵，油菜 2 棵，酱油、姜片各适量。

做法：

1 香菇洗净切片；油菜梗、叶分开放置；芹菜切段。将面条煮熟，捞出过凉。

2 油锅烧热，放入姜片，倒入虾仁、香菇片、油菜梗，翻炒。放入芹菜段、油菜叶，淋入酱油和水。放入面条，用筷子不停搅拌，再用中火焖 5 分钟即可。

番茄炒菜花

营养功效：菜花含有丰富的维 C、胡萝卜素、硒等，可增强肝脏解毒能力、提高机体的免疫力和预防感冒。

原料：菜花 200 克，番茄 1 个，葱丝、姜丝、淀粉、香油、盐各适量。

做法：

1 菜花掰成小朵，用热水焯一下，捞出。

2 番茄用热水烫一下，去皮，切成小块。

3 油锅烧热，放入葱丝、姜丝炒香。倒入适量水，加盐调味，烧开后放入番茄和菜花。

4 小火煮 10 分钟后，用淀粉勾芡，淋上香油即可。

翡翠羹

营养功效：小白菜中所含的矿物质能够促进骨骼的发育，加速人体的新陈代谢和增强机体的造血功能。

原料：豆腐 200 克，小白菜 100 克，淀粉、葱末、盐、蔬菜素高汤各适量。

做法：

1 小白菜去根，剁成碎末。豆腐切成小丁，放入沸水中焯烫 2 分钟，捞出。

2 油锅烧热，放入葱末爆香，放入小白菜碎翻炒。

3 倒入蔬菜素高汤，放入豆腐丁，用淀粉勾芡，煮至汤汁黏稠，调入盐即可。

豆浆小米粥

营养功效：此粥含有丰富的营养，有益气补虚的功效，有利于哺乳妈妈的身体恢复。此粥易吸收好消化，有较好的养胃的功能。

原料：小米30克，豆浆200毫升。

做法：

1 将小米洗净。

2 在砂锅中加入适量清水，烧沸后放入小米，用小火煲20分钟。

3 倒入豆浆煲5分钟，即可出锅。

阿胶核桃仁红枣羹

营养功效：此羹具有补血养气、美容养颜、润肠通便、提高免疫力的保健功效，是很有价值的保健补品。

原料：阿胶、核桃仁各50克，红枣3颗。

做法：

1 核桃仁捣碎；红枣洗净，取出枣核。

2 把阿胶砸成碎块，50克阿胶需加入20毫升的水一同放入瓷碗中，隔水蒸化。

3 红枣、核桃仁放入另一只砂锅，加清水小火慢煮20分钟。

4 将蒸化后的阿胶放入锅内，与红枣、核桃仁共同煮5分钟。

猪骨萝卜汤

营养功效：猪骨汤可以帮助新妈妈补钙，白萝卜具有温胃消食、滋阴润燥的功效，有助于新妈妈调理身体。

原料：猪棒骨200克，白萝卜100克，胡萝卜50克，陈皮5克，红枣4颗，盐适量。

做法：

1 猪棒骨洗净，用热水氽烫，洗去血沫；白萝卜、胡萝卜去皮洗净，切滚刀块；红枣洗净；陈皮浸开，洗净。

2 汤煲内放适量清水，待水煮沸时，放入猪棒骨、白萝卜块、胡萝卜块、陈皮、红枣同煲2小时，出锅前加盐调味即可。

第 17 天 推荐食谱

苹果玉米羹

营养功效：苹果加热后，膳食纤维和果胶得以软化，软化后的膳食纤维和果胶更容易被人体利用。

原料：苹果 1 个，玉米面 2 大匙，冰糖适量。

做法：

1 苹果去皮，切成小丁。将玉米面放入容器中，倒入适量水，调成糊状。

2 将苹果丁、冰糖放入锅中，倒入适量水，大火煮 10 分钟。

3 倒入玉米糊，不停搅拌。小火煮 3 分钟后，即可食用。

荔枝炒虾仁

营养功效：此菜含有丰富的营养，铁元素及维生素 C 含量高，味道鲜美，适合产后食欲不佳的新妈妈食用。

原料：虾仁 200 克，荔枝 50 克，鸡蛋清 30 克，盐、水淀粉、葱末、姜丝各适量。

做法：

1 将虾仁洗净，切成丁，加盐、鸡蛋清、水淀粉拌匀。将荔枝去皮，去核，荔枝肉切成丁。

2 水淀粉中加一点盐，调成味汁。

3 油锅烧至六成热，放入虾仁丁炒散，再放入葱末、姜丝、荔枝丁略炒，烹入味汁炒匀即可。

拌胡萝卜丝

营养功效：胡萝卜中含有膳食纤维，可促进肠道蠕动，预防便秘。还含有大量胡萝卜素，有补肝明目的作用。

原料：胡萝卜 2 根，熟黑芝麻、香油、盐各适量。

做法：

1 胡萝卜洗净，去皮，切成细丝。

2 将胡萝卜丝在沸水中焯一下，捞出沥干水分，放入盘中，加盐、香油拌匀，撒上熟黑芝麻即可。

莲子猪肚汤

营养功效：此汤健脾益胃，补虚益气，易于消化。适合产后脾胃虚弱、胃口不佳的新妈妈食用。

原料：猪肚 150 克，莲子 30 克，淀粉、姜片、料酒、盐各适量。

做法：

1 莲子洗净去心，用清水浸泡 1 小时。猪肚用干淀粉或盐反复揉搓，然后用水冲洗干净。

2 把猪肚放在沸水中煮一会儿，将白膜去掉，切成段。

3 将猪肚段、莲子、姜片、料酒一同放入锅内，加清水煮沸，撇去锅中的浮沫。锅中放盐，转小火炖煮 2 小时即可。

香菇豆腐汤

营养功效：香菇含有维生素 D，可以促进人体对钙质的吸收；豆腐含钙量又很丰富，二者一起食用有益于补钙。

原料：豆腐 200 克，鲜香菇 3 朵，盐、香油、水淀粉各适量。

做法：

1 将豆腐切成块；鲜香菇洗净，切片。

2 锅中放水，煮开，放入豆腐块和香菇片，煮 10 分钟。

3 加盐调味，倒入水淀粉勾芡，出锅前放入盐、香油即可。

黑豆煲瘦肉

营养功效：此汤具有益肾补血、润燥护肤、养肝安神、滋阴补阳、预防便秘的功效。

原料：黑豆 30 克，猪瘦肉 100 克，葱段、盐、姜片各适量。

做法：

1 黑豆洗净，泡发。

2 猪瘦肉洗净切成大块，在沸水中余去血水。

3 在锅中放入适量清水，放入猪瘦肉块和黑豆、葱段、姜片，煲至完全熟烂后，放入盐调味即可。

第 **18** 天 推荐食谱

秋葵炒香干

营养功效：秋葵含有果胶和多聚糖，可以消除疲劳，恢复体力，还可以增强身体的抵抗力和免疫力。

原料：秋葵 10 个，香干 4 片，白醋、蒜末、盐各适量。

做法：

1 秋葵洗净，切成段，放入沸水中焯烫 2 分钟，捞出沥干。

2 香干切条，放入开水中焯烫片刻，焯水沥干。

3 油锅烧热，放入蒜末爆香。放入秋葵段和香干条翻炒，淋入白醋、盐，翻炒 2 分钟即可。

腰果西芹

营养功效：腰果中含有丰富的油脂，可以润肠通便、润肤美容、延缓衰老。新妈妈适当食用腰果可以提高机体抗病能力。

原料：西芹 250 克，腰果 50 克，香油、盐各适量。

做法：

1 西芹切段，放入开水中，待水再次煮开时，捞出沥干。

2 油锅烧热，放入腰果，小火炸至颜色浅黄，捞出晾凉。

3 将西芹段与盐、香油搅拌均匀，撒上腰果即可。

豆浆莴笋汤

营养功效：对牛奶有乳糖不耐症的新妈妈，可以选择豆浆代替牛奶来补充体力。莴笋含有非常丰富的氟，可促进牙齿和骨骼的发育。

原料：莴笋 100 克，豆浆 200 毫升，姜片、葱段、盐各适量。

做法：

1 将莴笋洗净去皮，切条；莴笋叶切成段。

2 油锅烧热，放姜片、葱段，煸炒出香味。放入莴笋条、盐，大火炒至断生。

3 拣去姜片、葱段，放入莴笋叶，并倒入豆浆，调入少许盐，煮熟即可。

百合炒肉

营养功效：猪肉可以为人体提供优质蛋白质和必需的脂肪酸；还可以提供血红素和促进铁吸收的半胱氨酸，改善缺铁性贫血。

原料：鲜百合80克，猪里脊肉300克，鸡蛋1个（取蛋清），盐、葱花、水淀粉各适量。

做法：

1 猪里脊肉洗净，切片；鲜百合洗净，掰块。

2 将百合、猪肉片用盐、鸡蛋清抓匀，加水淀粉搅拌均匀。

3 油锅烧热，放入拌好的猪肉片、百合，翻炒至熟，加盐调味，撒上葱花即可。

芥菜干贝汤

营养功效：此汤具有开胃生津的作用，可以提升新妈妈的食欲，哺乳妈妈吃得好，宝宝才能长得壮。

原料：芥菜250克，干贝10只，鸡汤、香油、盐各适量。

做法：

1 将芥菜洗净，切成段。

2 干贝用温水浸泡1小时，备用。

3 干贝洗净，加水煮软，拆开干贝肉。

4 锅中加鸡汤、芥菜段、干贝肉，煮熟后加香油、盐调味即可。

山药羊肉羹

营养功效：羊肉具有补肾壮阳、温补气血、开胃健脾的功效，重要的是羊肉还有催乳的作用，乳汁不畅的新妈妈可以食用一些。

原料：羊肉200克，山药150克，鲜牛奶、盐、姜片各适量。

做法：

1 将羊肉洗净，切片；山药去皮，洗净，切片。

2 将羊肉片、山药片、姜片放入锅内，加入适量清水，小火炖煮至羊肉熟烂。

3 出锅前加入牛奶、盐，稍煮即可。

第 19 天 推荐食谱

桂花山药

营养功效：山药含有淀粉酶、多酚氧化酶等物质，有利于脾胃消化吸收功能，是平补脾胃的药食两用之品。

原料：山药 150 克，紫甘蓝 100 克，糖桂花适量。

做法：

1 将山药去皮洗净，切成条后，上蒸锅蒸熟。

2 紫甘蓝洗净，切碎，加适量水用榨汁机榨成汁。

3 将山药在紫甘蓝汁里浸泡 1 小时至均匀上色。食用前撒上糖桂花即可。

西蓝花炒猪腰

营养功效：西蓝花富含维生素、叶绿素，猪腰含有丰富的蛋白质，二者同食不仅能帮助新妈妈胃口大开，还可以预防产后贫血。

原料：猪腰 100 克，西蓝花 200 克，葱段、姜片、料酒、酱油、盐、白糖、水淀粉各适量。

做法：

1 将猪腰去除腥膜，在料酒中浸泡一会儿后取出，切花刀。

2 锅中加水大火烧开，放入洗净的西蓝花，焯一下捞出。

3 油锅中将葱段、姜片爆香后放入腰花，加酱油、盐、白糖煸炒片刻，再放入西蓝花一同煸炒。出锅前用水淀粉勾芡即可。

鲜肉小馄饨

营养功效：馄饨不仅有面皮提供碳水化合物，还有肉和蔬菜馅提供蛋白质、维生素等，营养更全面。

原料：鸡蛋 2 个，猪腿肉、馄饨皮、紫菜、虾米、葱花、姜丝、盐、生抽、蚝油、香油各适量。

做法：

1 猪腿肉打成肉末，加鸡蛋、盐、生抽、蚝油、葱花、姜丝拌匀成馅。将肉馅放入馄饨皮中包好。

2 锅中倒入适量水，放入紫菜和虾米煮沸，再放入馄饨煮熟，淋上香油即可。

彩椒炒玉米粒

营养功效： 此道菜可令新妈妈开胃消食、增强免疫力，丰富的蛋白质、B 族维生素也保证了营养的全面。

原料： 嫩玉米粒 300 克，红椒、青椒各 1 个，盐适量。

做法：

1 红椒、青椒去蒂，去子，切成小块。

2 油锅烧热，放入嫩玉米粒和盐，翻炒 3 分钟。

3 加适量水，再炒 3 分钟，放入红椒块、青椒块，翻炒断生即可。

蚝油草菇

营养功效： 草菇味道鲜美，富含氨基酸，其中人体必需氨基酸占比高。此外，还含有磷、钾、钙等多种矿物质。

原料： 草菇 200 克，葱、姜、蚝油、老抽、盐各适量。

做法：

1 草菇洗净，切成两半。葱、姜切丝。

2 油锅烧热，放入葱丝、姜丝爆香。

3 放入切好的草菇，加蚝油、老抽、盐，翻炒均匀，炒熟即可。

牛蒡排骨汤

营养功效： 牛蒡中的牛蒡苷，有强化筋骨、增强体力、缓解疲劳的功效。牛蒡还能清理血液垃圾，促使体内细胞的新陈代谢。

原料： 排骨 200 克，牛蒡 100 克，胡萝卜 50 克，盐适量。

做法：

1 排骨洗净，斩段，氽烫，除去血沫；胡萝卜洗净，去皮，切块；牛蒡处理干净，切成小段。

2 把排骨段、牛蒡段、胡萝卜块放入锅中，加适量清水，大火煮开，转小火再炖 1 小时。

3 出锅时加盐调味即可。

第 **20** 天 推荐食谱

扁豆焖面

营养功效：扁豆有健脾化湿的作用，可以辅助治疗妇女带下过多，产后白带过多的新妈妈可以适当食用。

原料：鲜切面 200 克，扁豆 150 克，陈醋、生抽、葱末、盐各适量。

做法：

1 扁豆掰成段。油锅烧热，放入葱末、蒜末爆香，放入扁豆段翻炒，倒入生抽、盐翻炒。再加适量水，没过扁豆段。加盖，中火焖至汤汁煮沸。

2 将面条铺在扁豆段上，加盖，小火焖至水分即将收干，将扁豆段和面条搅拌均匀即可。

黑芝麻甜粥

营养功效：此粥品最适宜产后新妈妈食用，既滋补肝肾、养血填精，又有催乳功效，帮助哺乳妈妈分泌乳汁。

原料：牛奶 200 毫升，大米 50 克，黑芝麻 20 克，枸杞子、冰糖各适量。

做法：

1 大米用水浸泡 30 分钟。枸杞子用温水浸泡 10 分钟，捞出。锅烧热，将黑芝麻小火炒熟。

2 锅中放入大米和水，大火煮沸后转小火，熬煮 30 分钟。

3 倒入牛奶，中火煮沸后加入枸杞子、冰糖，搅拌均匀。待冰糖溶化，关火，撒上黑芝麻。

三鲜冬瓜汤

营养功效：冬瓜含有多种维生素和微量元素，可调节身体的代谢平衡，能帮助产后新妈妈瘦身、减脂。

原料：冬瓜、冬笋各 30 克，番茄 1 个，鲜香菇 3 朵，油菜、盐各适量。

做法：

1 冬瓜洗净，切片；鲜香菇去蒂，洗净，切块；冬笋切片；番茄洗净切片；油菜洗净掰成段。

2 将所有原料放入锅中，加清水煮沸，转小火再煮至冬笋熟透。

3 出锅前放盐调味。

清蒸黄花鱼

营养功效：清蒸黄花鱼不仅口味鲜美，而且营养丰富，新妈妈经常食用可健脾开胃、益气安神，有很好的食疗作用。

原料：黄花鱼 1 条，料酒、姜片、葱段、盐各适量。

做法：

1 黄花鱼洗净，抹上盐，将姜片铺在黄花鱼上，淋上料酒，放入锅中用大火蒸熟。

2 黄花鱼蒸好后把姜片拣去，腥水倒掉，然后将葱段铺在黄花鱼上。

3 将锅烧热，倒入油烧到七成热，把烧热的油浇到黄花鱼上。

三丝木耳

营养功效：猪肉和鸡肉都是高蛋白食物，蛋白质是乳汁的重要成分，三丝木耳便有补虚、增乳的作用。

原料：木耳、甜椒丝、鸡肉丝各 20 克，猪瘦肉丝 100 克，姜丝、蛋清、盐、料酒、水淀粉各适量。

做法：

1 木耳放入温水中泡发撕小朵；猪瘦肉丝和鸡肉丝分别加盐、料酒、水淀粉和蛋清拌匀。

2 爆香姜丝，放入猪瘦肉丝和鸡肉丝翻炒，炒至肉丝变色时，放入木耳、甜椒丝和水焖炒。

3 最后用水淀粉勾芡，加盐调味即可。

孜然鱿鱼

营养功效：鱿鱼含有丰富的矿物质，尤以钙、磷、铁、硒、钾、钠最为丰富，对骨骼发育和造血十分有益，是哺乳妈妈的理想选择。

原料：鲜鱿鱼 1 只，醋、料酒、孜然、葱花、姜末、蒜蓉、辣酱各适量。

做法：

1 鱿鱼洗净，切成片。将切好的鱿鱼放入热水中焯一下，捞出沥干水。

2 锅中倒入适量油，放入葱花、姜末爆锅，放入鱿鱼煸炒，放醋、料酒和孜然。

3 放入蒜蓉、辣酱，煸炒均匀即可。

第 **21** 天 推荐食谱

银耳花生汤

营养功效：新妈妈不妨多吃些银耳，在清热降火、调理脾胃的同时，还能滋补身体，使皮肤细腻滋润而有弹性。

原料：银耳 15 克，花生仁 50 克，红枣 6 颗，白糖适量。

做法：

1 银耳用温水浸泡，洗净；红枣去核，洗净。

2 锅中加水煮沸，放入花生仁、红枣。

3 花生仁熟烂时，放入银耳，加白糖调味即可。

菠萝饭

营养功效：营养价值丰富的菠萝和米饭搭配，既增加食欲又可以补中益气、健脾养胃，提供多种维生素。

原料：米饭 100 克，鸡蛋 1 个，菠萝 1 个，胡萝卜 1/2 根，青豆、盐各适量。

做法：

1 菠萝对半切开，取一半，果肉切丁，用盐水浸泡 10 分钟，留出 1 厘米厚的皮当作容器。

2 胡萝卜切丁，和青豆一同放入锅中，煮 3 分钟。

3 鸡蛋打散，放入油锅中翻炒，放入胡萝卜丁、青豆、菠萝肉丁、米饭、盐，翻炒均匀后，装入菠萝容器中即可。

萝卜丝烧带鱼

营养功效：带鱼中含有丰富的蛋白质，更加容易被人体消化、吸收和利用，对宝宝的生长特别有帮助，哺乳妈妈要多食用一些。

原料：带鱼 1 条，白萝卜 50 克，料酒、盐、白糖、水淀粉、葱花、姜末各适量。

做法：

1 带鱼洗净切段，加盐、料酒、水淀粉拌匀。白萝卜洗净切丝，焯水。

2 将带鱼放入油锅，炸至金黄取出。锅中再放入葱花、姜末爆香，放入带鱼、白萝卜丝，加水烧开，放白糖、盐调味。

鸡肝枸杞汤

营养功效：枸杞子和鸡肝能为新妈妈补血，二者搭配，能有效预防缺铁性贫血，还能防止眼睛干涩疲劳。

原料：鸡肝 4 个，菠菜、竹笋各 50 克，枸杞子、藕粉、姜、高汤、料酒、盐各适量。

做法：

1 姜切片，放入水中煮沸。鸡肝洗净，切厚片，放入煮沸的姜片水中烫一下，除去腥味。

2 竹笋洗净，切片；菠菜用盐水烫至变色，捞出切段。

3 高汤中加入枸杞子、鸡肝片、竹笋片、盐，加藕粉煮至胶黏状，最后加料酒、菠菜段即可。

西蓝花鹌鹑蛋汤

营养功效：鹌鹑蛋的蛋白质属于优质的蛋白质，易被人体消化吸收，可增强免疫力、补气益血、强壮筋骨。

原料：西蓝花 100 克，鹌鹑蛋 3 个，鲜香菇、圣女果、盐各适量。

做法：

1 西蓝花撕小朵洗净，放入沸水中烫 1 分钟。

2 鹌鹑蛋煮熟剥皮；鲜香菇去蒂洗净；圣女果洗净，切十字刀。

3 香菇放入锅中，加清水大火煮沸，转小火再煮 10 分钟。

4 把鹌鹑蛋、西蓝花放入锅中，再次煮沸，加盐调味。出锅装盘时，放入圣女果即可。

燕麦花豆粥

营养功效：适当食用花豆，可以补钙、补铁。花豆还能够祛湿、祛水肿，让身体更轻松。

原料：燕麦、花豆各 30 克，大米 50 克，冰糖适量。

做法：

1 花豆洗净，浸泡 4 小时；大米淘洗干净。

2 将花豆、大米放入锅内，加适量清水用大火烧开后，转用小火煮 1 小时，快熟时加入冰糖即可。

身体恢复和母乳喂养问题

国际母乳协会有句著名的宣传语："喂奶看孩子，别看钟。"也就是说，母乳要按需喂养，而不是按时喂养。母乳喂养迥异于人工喂养。宝宝出生的头几个星期，母婴之间要建立起恰如其分的喂养方式，宝宝要以频繁的吸吮来刺激母亲的乳汁分泌。宝宝吃得越频繁乳汁分泌越旺盛。

母乳喂养，按需喂养

宝宝会经历"猛长期"，会通过频繁吸吮来提高母乳的分泌量，这是大自然安排好的供需关系，更需要母亲在宝宝需要时喂奶。每一个宝宝都有其天生的独特性格，首先就表现在吃奶方式上，有的又快又猛，有的温柔缓慢。每位妈妈的乳汁都是为自己宝宝的独特性而设计的，根据宝宝不同的需要情况，每一次喂奶时，乳汁的分泌量、浓度和成分都有所调节。因此，哺乳的妈妈要按照自己宝宝的需要来喂奶。

并不是说母乳喂养的宝宝不容易形成规律的生活，当妈妈的乳汁分泌量达到宝宝的需求，母婴之间建立起令双方满意的喂养关系时，宝宝一样可以有序、规律地生活。

避免长时间仰卧

新妈妈经过妊娠和分娩后，维持子宫正常位置的韧带变得松

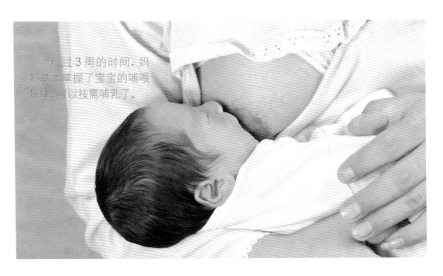

经过3周的时间，妈妈基本掌握了宝宝的哺喂规律，可以按需哺乳了。

弛，子宫的位置可随体位的变化而变化，如果产后常仰卧，可使子宫后位，从而导致新妈妈腰膝酸痛、腰骶部坠胀等不适。因此，为使子宫保持正常位置，新妈妈最好不要长时间仰卧。

产后腰腿痛的预防措施

为了避免产后出现腰痛，产后新妈妈应注意多休息，不要过早站立或做过多家务，更不要负重，注意休息和增加营养。若疼痛明显，可采用按摩、热敷等方式缓解疼痛。

不要用冷水洗澡或者洗手脚，注意手足部保暖，不要受凉，不要穿拖鞋或者赤脚穿凉鞋，最好穿袜子和布鞋。

新妈妈生活中注意防护腰部，产后保持充足睡眠，经常更换卧床姿势，避免提过重或抬过高物体。日常用品如尿布、纸尿裤、爽身粉等，应放在妈妈不用弯腰伸手就能拿到的地方。新妈妈每天坚持做产后操，经常活动腰部，使腰肌得以舒展。

新妈妈如果身体恢复得还不错,可以适当做一些轻柔的运动。

产后注意牙齿健康

如果在月子期间不注意饮食卫生,忽视口腔保健,新妈妈也很容易落下牙齿松动的毛病。孕期和产后缺钙也会导致牙齿松动甚至脱落,尤其是进行母乳喂养的新妈妈。产后饮食不当,如食用坚硬的食物、酸性食物、冷饮等,都会损伤牙齿。新妈妈应注意饮食营养均衡,少吃甜食、零食,餐后刷牙,适当补钙以预防产后牙齿松动。

产前,由于胎宝宝在母体中发育,骨骼和牙齿需要大量的钙和磷,这些钙和磷只能从孕妈妈的饮食和骨骼中摄取。而产后,如果新妈妈不能够从饮食中摄取足够的钙和磷,就会无法弥补产前损失,造成自身骨骼缺钙,骨质会变软,支持牙齿的牙槽骨也会疏松软化,导致牙齿松动。所以,新妈妈应适当补钙。

别过早剧烈运动

产后不能过早地进行剧烈运动,以免影响尚未康复的器官恢复和剖宫产刀口或侧切伤口的愈合。另外,产后还要避免长时间弯腰、久站、久蹲或是做重活,以防止子宫出血和子宫下垂,影响新妈妈的体形恢复和身体健康。

仍要注意会阴的清洁

产后第 3 周是白色恶露期,此时的恶露已不再含有血液,而含有大量的白细胞、退化蜕膜、表皮细胞和细菌,使恶露变得黏稠而色泽较白。新妈妈不要误认为恶露已尽,就不注意会阴的清洗和保护,新妈妈最好每天清洗阴部。

第五章
产后第 4 周增强体质阶段

　　这周的食物还是以温补为主，月子餐中加入更多排毒通便、促进新陈代谢、美容养颜、补气养血的食物。经过本周调理新妈妈的气色、精神状态、皮肤都会有所好转，并且乳汁分泌和身体器官恢复都正常。本周调理得好，新妈妈就会气血充盈，容光焕发，妊娠色斑逐渐消失，会越来越漂亮。这就是为什么会有人说，生完孩子的女人更漂亮。

新妈妈的身心变化

运动量力而行，做做简单的体操即可。

乳房

此时新妈妈的乳汁分泌已经增多，但同时也容易得急性乳腺炎，因此要密切观察乳房的状况。

胃肠

连续3周的恢复，胃肠功能是最先好起来的。产后规律的饮食和滋补的汤水，为肠胃功能的恢复提供了很好的条件。

一出了月子就不那么在意了，就开始久站、久蹲或剧烈运动。其实，盆腔里的生殖器官在这时并没完全复位，功能也没有完全恢复。如果不注意防护，仍然会影响生殖器官复位。

子宫

产后第4周子宫已基本复原，新妈妈应该坚持做些促进恢复的体操，以促进子宫、腹肌、阴道、盆底肌的恢复。

局部发红、发紫、变硬，并突出皮肤表面。瘢痕增生期持续3个月至半年左右，纤维组织增生逐渐停止，瘢痕也会逐渐变平变软。

伤口及疼痛

剖宫产妈妈手术后伤口上留下的痕迹一般呈白色或灰白色，光滑、质地坚硬。这个时期开始有瘢痕增生的现象，

恶露

产后第4周，白色恶露基本上也排除干净了，变成了普通的白带。但是也要注意会阴的清洗，勤换内衣裤。

选择新鲜、应季的食材，尝试多样搭配，让月子餐营养更全面、口味更丰富。

茶水暂时先别喝

经常多进食汤水，固然可增加乳汁分泌，但不宜饮茶。茶叶中含有的鞣酸会影响肠道对铁的吸收，容易引起产后贫血。而且，茶水中还含有咖啡因。新妈妈饮用茶水后会影响睡眠，从而影响体力恢复。

按时定量进餐很重要

虽然说经过前 3 周的调理和进补，新妈妈的身体得到了很好的恢复，但是也不要放松对于身体的呵护，不要因为照顾宝宝，而忽视了进餐时间。宝宝经过 3 周的成长，也培养了较有规律的作息时间，吃奶、睡觉、拉便便等，新妈妈都要留心记录，掌握宝宝的生活规律，相应安排好自己的进餐时间。新妈妈还要根据宝宝吃奶量的多少，定量进餐。

蔬菜的摄入量可以增加一些

在大补的同时，新妈妈也不要忽视膳食纤维和维生素的补充，这样能有效将毒素排出来，防止便秘的发生。蔬菜中的膳食纤维和维生素不仅可以帮助新妈妈促进食欲，防止产后便秘的发生，还能吸收肠道中的有害物质，促进毒素排出。莲藕中含有大量的碳水化合物、维生素和矿物质，营养丰富，清淡爽口，能增进食欲，帮助消化，还能促使乳汁分泌，有助于对宝宝的喂养。银耳、木耳、香菇、猴头菌等食用菌类，含有丰富的膳食纤维，能帮助新妈妈增强身体免疫力。

不要依赖营养品

新妈妈最好以天然食物为主，不要过多服用营养品。目前，市场上有很多保健食品，有些人认为分娩让新妈妈大伤元气，要多吃些保健品补一补，这种想法是不对的。月子里应该以天然绿色的食物为主，尽量少食用或不食用人工合成的各种补品。

紫米杂粮粥

营养功效:紫米富含蛋白质、钙等营养素,可以促进新陈代谢,助消化、祛湿消肿。紫米中的花青素还是天然的抗氧化剂。

原料:紫米、糙米、薏米各30克,红糖适量。

做法:

1 紫米、糙米、薏米分别浸泡2小时。

2 锅中放入紫米、糙米、薏米和适量水,大火煮沸后转小火。

3 待粥煮至黏稠时,放入红糖即可。

第22天
推荐食谱

新妈妈应该根据产后所处的季节,选取相应的进补食物,少吃一点反季节食物。比如春季可以适当吃些野菜,夏季可以多补充些水果羹等。要根据季节和新妈妈的自身情况,选取合适的食物进补,要做到"吃得对、吃得好"。

五谷杂粮是我们经常食用的主食,很多人认为主食里没有营养,哺乳妈妈应该多吃些肉、蛋、奶、蔬菜、水果类,主食是次要的。事实上,谷类是碳水化合物、膳食纤维、B族维生素的主要来源,而且是热量的主要来源,它们的营养价值并不低于其他食物。对于哺乳期的妈妈来讲,从谷类食物中可以得到更多的能量、维生素及蛋白质等。

鸡蛋什蔬沙拉

营养功效：丰富的食材组合，蛋白质和膳食纤维的含量高，可以护肤美肤、健脑益智，还会让新妈妈胃口大开。

原料：鸡蛋 2 个，生菜 1 棵，圣女果 10 个，洋葱、苹果各 1/2 个，沙拉酱适量。

做法：

1. 鸡蛋放入冷水锅中，大火烧开后，继续煮 5 分钟。

2. 鸡蛋煮好后，过冷水，剥去蛋壳，对半切开。

3. 圣女果、洋葱切片，生菜撕成小片，苹果切丁。

4. 将以上材料放入碗中，倒入沙拉酱，搅拌均匀即可。

蔬菜豆皮卷

营养功效：豆腐皮不仅含有丰富的蛋白质、碳水化合物、脂肪，还含有钾、钙、铁等人体需要的矿物质。

原料：豆腐皮 1 张，绿豆芽、胡萝卜、紫甘蓝、豆干各 50 克，盐、香油各适量。

做法：

1. 将紫甘蓝、胡萝卜洗净，切丝；绿豆芽洗净；豆干洗净，切丝。

2. 将准备好的所有食材用开水焯熟，然后加盐和香油拌匀。

3. 将拌好的原料均匀放在豆腐皮上，卷起，用小火煎至表皮金黄。待放凉后切成小卷，摆入盘中即可食用。

栗子黄鳝煲

营养功效：黄鳝味甘性温，能补五脏、活筋骨，可滋阴补血，对新妈妈筋骨酸痛、浑身无力有良好疗效。

原料：黄鳝 200 克，栗子 50 克，葱花、姜片、盐、料酒各适量。

做法：

1. 黄鳝去肠及内脏，洗净后用热水烫去黏液。

2. 将处理好的黄鳝切成 4 厘米长的段，放盐、料酒拌匀。

3. 栗子洗净去壳。将黄鳝段、栗子、姜片一同放入锅内，加入清水煮沸后，转小火煲 1 小时。

4. 出锅时加入盐调味，撒上葱花即可。

第23天 推荐食谱

海带豆腐汤

营养功效：海带含有丰富的亚油酸、卵磷脂等营养成分，有健脑的功效。此汤还能帮助新妈妈补钙、增强体质。

原料：豆腐100克，海带50克，葱段、盐各适量。

做法：

1 豆腐洗净，切块；海带洗净，切成长3厘米、宽1厘米的条。

2 锅中加清水，放入海带条，用大火煮沸。

3 改用中火将海带煮软，放入豆腐块、葱段，煮至豆腐熟软，加盐调味即可。

鲜蘑炒豌豆

营养功效：豌豆富含人体所需要的多种营养物质，赖氨酸含量高，常吃豌豆能够增强机体免疫力，提高抗病能力。

原料：口蘑100克，豌豆200克，高汤、水淀粉、盐各适量。

做法：

1 口蘑洗净，切成小丁；豌豆洗净。

2 油锅烧热，放入口蘑丁和豌豆翻炒。

3 加适量高汤煮熟，用水淀粉勾薄芡，加盐调味即可。

香菇虾肉水饺

营养功效：丰富的动物、植物食材搭配科学合理，能提升新妈妈的食欲，符合产后进补的饮食原则。

原料：饺子皮20张，猪肉150克，干香菇、虾各50克，玉米粒、胡萝卜各30克，盐适量。

做法：

1 胡萝卜切小丁；干香菇泡发后切小丁；去壳的虾切丁。

2 将猪肉和胡萝卜丁一起剁碎，放入香菇丁、虾肉丁、玉米粒，搅拌均匀，再加入盐、泡香菇水制成肉馅。

3 饺子皮包上肉馅。锅中烧开水，下入饺子，将饺子煮熟即可。

莲子芋头粥

营养功效：莲子含有丰富的铁、锌、磷等矿物质，能补肾、强心安神，适合脾胃虚弱的新妈妈食用。

原料：糯米50克，莲子、芋头各30克，白糖适量。

做法：

1 将糯米、莲子分别用水浸泡30分钟。芋头去皮，切成小块。

2 将莲子、糯米、芋头块一同放入锅中，加适量水同煮。

3 粥熟后，加白糖调味即可。

小鸡炖蘑菇

营养功效：鸡肉、香菇、生姜等食物能增强人体免疫力，具有抗病毒的作用，这道经典的月子餐营养又美味。

原料：童子鸡500克，香菇8朵，葱段、姜片、彩椒丝、香菜叶、酱油、料酒、盐各适量。

做法：

1 童子鸡洗净，剁成小块；香菇用温水泡开，洗净切花刀。

2 将鸡块放入锅中翻炒，至鸡肉变色放入葱段、姜片、盐、酱油、料酒，加入适量水。

3 水沸后放入香菇，中火炖熟烂。出锅后用彩椒丝、香菜叶装饰即可。

碧玉银芽

营养功效：绿豆芽不仅能清暑热、解毒，还能补肾、利尿、消肿、滋阴壮阳、调五脏、美肌肤、瘦身减脂。

原料：绿豆芽200克，韭菜100克，红尖椒1个，葱丝、姜丝、料酒、盐各适量。

做法：

1 韭菜切段，红尖椒切丝。锅烧热，不要放油，放入绿豆芽，小火干煸，待绿豆芽变软时盛出。

2 油锅烧热，放入葱丝、姜丝爆香，然后放入绿豆芽、韭菜、红尖椒丝翻炒。淋入料酒、盐，翻炒均匀即可。

第 24 天 推荐食谱

菠菜鱼片汤

营养功效：汤汁香鲜，搭配合理，富含优质蛋白质、铁、叶酸等，有增乳、通乳的功效，可为哺乳妈妈增加营养。

原料：鲤鱼 1 条，菠菜 100 克，葱段、姜片、盐各适量。

做法：

1 将鲤鱼处理干净，清洗后切成薄片，用盐腌 20 分钟；菠菜洗净切段。

2 锅中放油，待油烧至五成热时，下入姜片、葱段，爆出香味，再下鱼片略煎。

3 加入适量清水，用大火煮沸后改用小火煮 20 分钟，投入菠菜段煮熟，加盐调味即可。

红豆西米露

营养功效：红豆能清热解毒、消肿利尿、健脾益胃，常吃能帮助新妈妈消除水肿，减轻身体水肿症状。

原料：红豆、西米各 50 克，白糖、牛奶各适量。

做法：

1 红豆洗净，用清水浸泡 4 个小时；西米洗净。

2 将红豆、白糖放入锅中煮到熟烂；西米放入沸水中煮至只剩一个小白点，关火闷 10 分钟。

3 将西米盛入装有牛奶的碗中，放入冰箱冷藏半小时。

4 取出冷藏好的牛奶西米，将煮熟的红豆倒入，搅匀即可。

豆干拌荠菜

营养功效：此菜可补充钙质和膳食纤维，防止因缺钙引起的骨质疏松，对需要补充钙质的新妈妈很有益处。

原料：豆干2块，荠菜100克，盐、香油各适量。

做法：

1 豆干冲洗一下，切小丁；荠菜择洗干净，入沸水锅中焯烫后捞出，过凉水后，切碎。

2 将豆干、荠菜末放入盘中，加盐、香油拌匀即可。也可以根据自己的口味适当加点蚝油、花椒油等。

百合莲子桂花饮

营养功效：新妈妈食用此桂花饮能够起到定心养神、辅助睡眠、清肝利尿的作用。清甜的饮品还能够给新妈妈带来愉快的心情。

原料：鲜百合、桂花干、葡萄干各50克，莲子30克，蜂蜜适量。

做法：

1 莲子放入高压锅煮熟。把葡萄干用水浸泡后，另起锅煮开。

2 煮开的葡萄干里加入莲子和百合略煮，最后撒入桂花干。

3 在煮好的汤里加入些蜂蜜，晾凉后即可食用。

烤鳗鱼青菜饭团

营养功效：此饭团富含蛋白质、脂肪、钙、磷和人体所需的多种氨基酸等营养元素，是新妈妈的美味佳肴。

原料：米饭100克，熟烤鳗鱼肉150克，鲜青菜叶50克，盐适量。

做法：

1 将熟烤鳗鱼肉抹匀盐，切碎；青菜叶洗净切丝。

2 青菜丝、熟鱼肉末拌入米饭中，搅拌均匀。

3 取适量米饭，根据喜好捏成各种形状的饭团。

4 平底锅放适量油烧热，将捏好的饭团稍煎，口味更佳。

桂花糯米藕

营养功效：味甜清香，糯韧不黏，具有润燥通便、补益气血、增强人体免疫力的作用，适宜新妈妈食用。

原料：莲藕1节，糯米50克，麦芽糖、冰糖及糖桂花各适量。

做法：

1 莲藕刮去表皮，洗净；糯米洗净，沥干水；切去莲藕的一头约3厘米做盖用，将糯米塞入莲藕孔，再将切下的莲藕盖封上，插上牙签固定。

2 将莲藕放入锅中，加水没过莲藕；再加入麦芽糖，大火烧开后，改小火煮1小时。出锅前加入冰糖及糖桂花，取出切片。

第 **25** 天 推荐食谱

拔丝香蕉

营养功效：香蕉营养高热量低，有丰富的蛋白质、糖、钾、维生素 A 和维生素 C，能缓和紧张的情绪，降低疲劳。

原料：香蕉 2 根，面粉、白糖、麦芽糖各适量。

做法：

1 香蕉去皮，切成小块。将面粉加适量水搅拌均匀，制成面糊，均匀裹在香蕉块上。

2 油锅烧热，放入香蕉块，火煎至颜色浅黄。

3 将白糖、麦芽糖和水放入锅中，小火熬煮。待白糖溶化、糖浆呈黄色时，关火，倒入容器中。将炸好的香蕉放入糖浆中，搅拌均匀。

鸡蛋紫菜饼

营养功效：这道饼咸香可口，可作为治疗水肿的辅助食物，帮助新妈妈消除水肿。紫菜还有增强记忆、防治贫血的作用。

原料：紫菜 30 克，鸡蛋 2 个，面粉 50 克，盐适量。

做法：

1 紫菜洗干净切碎，与鸡蛋、适量面粉、盐一起搅拌成面糊。

2 锅里倒入适量油，烧热，将面糊一勺一勺舀入锅，用小火煎成两面金黄的饼。

莲子薏米煲鸭汤

营养功效：鸭肉有滋阴、补肾、消水肿等功效，鸭肉中的脂肪酸易于消化，能帮助新妈妈恢复身体、消除水肿。

原料：鸭肉 150 克，莲子 20 克，薏米 50 克，葱段、姜片、鲜百合、盐各适量。

做法：

1 把鸭肉切成块，放入开水中余一下捞出；鲜百合洗净，掰成片；薏米、莲子分别洗净用水浸泡 1 小时。

2 锅中加开水，依次放入鸭肉块、葱段、姜片、莲子、百合片、薏米，用大火煲熟。待汤煲好后加盐调味即可。

芹菜牛肉丝

营养功效：牛肉的脂肪含量很低，但却是低脂的亚油酸的来源，是很好的抗氧化剂，可以抗衰老，保持肌体活力。

原料：牛肉 150 克，芹菜 100 克，酱油、水淀粉、白糖、盐、葱丝、姜末各适量。

做法：

1 牛肉洗净，切小条，加酱油、水淀粉腌制 30 分钟；芹菜择叶，去根洗净，切段。

2 锅中放油，下姜末和葱丝煸香，然后加入腌制好的牛肉条和芹菜段翻炒，可加一点清水。最后放入适量盐和白糖，炒匀出锅即可。

松仁海带汤

营养功效：松子健脾滋阴，含钙量高，海带可以通便，二者一同食用，可以帮助新妈妈更好地恢复元气和补充钙质。

原料：松子 50 克，水发海带 100 克，鸡汤、盐各适量。

做法：

1 松子用清水洗净；水发海带洗净，切成细丝。

2 锅置火上，放入鸡汤、松子、海带丝用小火煨熟，加盐调味即成。

木瓜牛奶露

营养功效：牛奶中含有催眠物质，具有缓解失眠的功效，适用于产后体虚而导致神经衰弱的新妈妈。

原料：木瓜 200 克，牛奶 250 毫升，冰糖适量。

做法：

1 木瓜洗净，去皮去子，切成块。

2 木瓜块放入锅内，加适量水，水没过木瓜块即可，大火熬煮至木瓜块熟烂。

3 放入牛奶和冰糖，与木瓜块一起调匀，再煮至汤微沸即可。

第 26 天 推荐食谱

扁豆烧荸荠

营养功效：扁豆含蛋白质、钙及丰富的 B 族维生素，对新妈妈产后恢复很有利。荸荠含胡萝卜素较高，能帮助缓解眼部不适。

原料：扁豆 100 克，荸荠、牛肉 50 克，葱姜汁、盐、酱油、水淀粉、高汤各适量。

做法：

1 荸荠去皮切片；扁豆切段；牛肉切片，用少量葱姜汁和盐拌匀腌 10 分钟，再用水淀粉抓匀。

2 油锅烧热，下入牛肉片炒至变色，再下入扁豆段炒匀后，放入余下的葱姜汁、酱油，加高汤烧至微熟。最后下入荸荠片，炒匀至食材全熟，加适量盐调味。

核桃仁红枣粥

营养功效：核桃仁含 B 族维生素、维生素 C 等，能通经脉、补养身体。此粥具有补脑益智、润肠通便的功效。

原料：核桃仁 20 克，红枣 5 颗，大米 30 克，冰糖适量。

做法：

1 将大米洗净；红枣去核洗净；核桃仁洗净。

2 将大米、红枣、核桃仁放入锅中，加适量清水，用大火烧沸后改用小火，等大米成粥后，加入冰糖搅匀即可。

韭菜炒虾仁

营养功效：韭菜中含有大量的维生素和膳食纤维，能促进肠胃蠕动，增加食欲，让新妈妈拥有好胃口。

原料：韭菜 200 克，虾仁 100 克，料酒、高汤、葱、姜、蒜、盐各适量。

做法：

1 虾仁洗净，除去虾肠，沥干水分。韭菜洗净，切成段；葱、姜、蒜切丝。

2 油锅烧热，放入葱丝、姜丝、蒜丝炒香，然后放入虾仁煸炒。

3 放入料酒、高汤、盐稍炒，然后放入韭菜段，大火翻炒片刻即可。

豆浆海鲜汤

营养功效：豆浆中渗透海产品的鲜美和蔬菜的清香，同时又营养均衡，提升新妈妈的食欲，快速恢复体力。

原料：豆浆500毫升，鲜虾仁100克，鱼丸、蟹棒、胡萝卜、西蓝花、葱段、姜片、盐、香油各适量。

做法：

1 鲜虾仁、蟹棒洗净，切段；西蓝花择洗干净，掰成小朵；胡萝卜洗净，切滚刀块。

2 汤锅置火上，放入葱段、姜片和豆浆，倒入鲜虾仁、鱼丸和胡萝卜块大火煮沸，转小火煮10分钟，放入蟹棒和西蓝花煮熟，用盐和香油调味即可。

橙香鱼排

营养功效：橙子可以促进蛋白质的消化和吸收，有助于消化，还能补充维生素，提高新妈妈和宝宝的免疫力。

原料：鲷鱼1条，橙子30克，红椒、冬笋各20克，盐、水淀粉各适量。

做法：

1 鲷鱼收拾干净，切块；冬笋、红椒洗净切丁，橙子取肉切丁。

2 锅中倒入适量油，鲷鱼块裹适量水淀粉入锅炸至金黄色，炸好后取出。

3 锅中放水烧开，放入橙肉、红椒丁、冬笋丁，加盐调味，用水淀粉勾芡，浇在鲷鱼块上即可。

里脊肉炒芦笋

营养功效：此菜鲜美爽嫩，芦笋的热量很低，荤素搭配能促进营养吸收。芦笋对预防心脑血管疾病有着很好的帮助作用。

原料：猪里脊肉150克，芦笋3根，蒜、木耳、胡椒粉、水淀粉、盐各适量。

做法：

1 芦笋洗净，切段；蒜切末。木耳泡发，洗净，撕成小朵；里脊肉洗净，切成条，尽量和芦笋段一样粗细。

2 油锅烧热，放入蒜末炒香，然后放入里脊肉条、芦笋段、木耳翻炒均匀。加胡椒粉、盐炒熟，用水淀粉勾芡即可。

第 27 天 推荐食谱

黑芝麻饭团

营养功效：黑芝麻中的亚油酸有调节胆固醇的作用。该饭团营养丰富，热量充足，口感甜糯，是新妈妈补充体力的佳品。

原料：糯米、大米各50克，红豆沙100克，黑芝麻适量。

做法：

1 将糯米、大米洗净，放入电饭煲中蒸熟。

2 盛出米饭，取一小团米饭，包入适量红豆沙，捏成饭团状，依次制作其余饭团。

3 黑芝麻炒熟装盘，饭团上滚一层黑芝麻即成。

黄芪橘皮红糖粥

营养功效：此粥有益气补血作用，如果新妈妈恶露色淡质稀，淋漓不断，神疲乏力，可以食用此粥改善症状。

原料：黄芪30克，大米50克，橘皮3克，红糖适量。

做法：

1 将黄芪洗净，煎煮取汁；橘皮洗净，切小丁；大米洗净。

2 将大米放入锅中，加入煎煮汁液和适量清水，熬煮至七成熟。

3 将切好的橘皮丁放入粥中，同煮至熟，加红糖调匀即可。

鲜虾冬瓜汤

营养功效：此汤不仅能补钙，还能预防下肢水肿，帮助新妈妈强健身体、瘦身减脂和调节代谢平衡。

原料：鲜虾100克，冬瓜200克，鸡蛋(取蛋清)2个，上汤、姜片、盐、白糖、香油各适量。

做法：

1 鲜虾洗净，去虾线，隔水蒸8分钟，取出虾肉；冬瓜洗净，去皮切片，与姜片及上汤同煲15分钟。

2 放入虾肉，加盐、白糖、香油，淋入蛋清，即可。

猪肚粥

营养功效：猪肚富含蛋白质、脂肪、矿物质等营养成分，具有补虚损、健脾胃的功效。哺乳妈妈食用可增强食欲，补中益气。

原料：猪肚100克，大米50克，面粉、盐各适量。

做法：

1 将猪肚洗净，切成细丝，放入沸水锅烫一下，捞出。注意猪肚一定要清洗干净，可用盐、面粉等反复揉搓，去掉异味。

2 把大米洗净与猪肚一起放入煮锅内，加清水适量，置于火上，煮沸后，转用小火煮至猪肚烂粥稠，加入盐调味即成。

凉拌裙带菜

营养功效：被称为聪明菜、美容菜、健康菜的裙带菜，是微量元素和矿物质的天然宝库，而且含钙、含锌量也是名列前茅。

原料：裙带菜200克，白芝麻、蒜末、姜末、盐各适量。

做法：

1 裙带菜切成4厘米长的段，放入开水中焯烫，过凉。

2 将裙带菜段放入容器中，然后放入蒜末、姜末。

3 冷锅冷油，放入白芝麻，小火炒香，然后将热油和白芝麻淋在裙带菜上，调入盐搅拌均匀即可。

肉末豆腐羹

营养功效：此羹营养丰富，是获得优质蛋白质、B族维生素和矿物质、磷的良好来源。木耳、黄花菜还有很好的健脑益智作用。

原料：豆腐100克，肉末50克，黄花菜15克，酱油、盐、水淀粉、葱花、高汤各适量。

做法：

1 豆腐切成小丁，用开水烫一下，捞出，过凉水。

2 黄花菜泡发，择洗干净，切成小段。

3 将高汤倒入锅内，加入肉末、黄花菜、豆腐、酱油、盐，煮沸后，用水淀粉勾芡，撒上葱花即可。

第 28 天 推荐食谱

海带焖饭

营养功效：海带含有丰富的多糖类食物纤维，能促进肠蠕动和排便，是预防产后便秘和瘦身非常好的食物。

原料：大米 100 克，海带 50 克，盐适量。

做法：

1 海带用水浸泡 2 小时，切成小块。大米用水浸泡 30 分钟。

2 锅中放入水和海带块，大火煮沸后再煮 5 分钟，捞出。

3 电饭煲中倒入适量水，放入海带块、大米、盐，搅拌均匀，至熟即可。

皮蛋豆腐

营养价值：皮蛋能够中和胃酸，对胃酸引起的胃痛或胃病有一定的缓解作用。皮蛋中还含有较多的矿物质，可促进营养的消化吸收。

原料：内酯豆腐 1 盒，皮蛋 2 个，彩椒 1 个，葱末、蒜末、酱油、醋、盐各适量。

做法：

1 皮蛋剥壳，切丁；豆腐切条，彩椒切丁。

2 将豆腐条装在盘子中央，上面码一圈皮蛋。

3 将彩椒丁放在豆腐上，撒上蒜末。最后浇上酱油、醋、盐，撒上葱末即可。

香菇娃娃菜

营养价值：香菇味甘，性平，有健脾开胃、化痰理气的功效。香菇还能降低血脂，是新妈妈补充体力的好食材。

原料：娃娃菜 200 克，鲜香菇 6 朵，蒜、盐各适量。

做法：

1 娃娃菜洗净，去根；蒜切碎，剁成蒜蓉；香菇洗净，切片。

2 油锅烧热，爆香蒜蓉和香菇片，放入娃娃菜翻炒。

3 转小火，加适量水焖煮，然后加入盐调味即可。

鲫鱼丝瓜汤

营养功效：鲫鱼所含的蛋白质质优、种类齐全、易于消化吸收，是良好的蛋白质来源，常食可增强抗病能力。

原料：鲫鱼 1 条，丝瓜 200 克，姜片、盐各适量。

做法：

1 鲫鱼收拾干净，洗净，切块。

2 丝瓜去皮，洗净，切成段；与鲫鱼块一起放入锅中，加水同煮。

3 再加入姜片，先用大火煮沸，后改用小火慢炖至鱼肉熟，加盐调味即可。

三色肝末

营养功效：此菜清香可口，鲜软适口，含有丰富的蛋白质、钙、磷、铁、锌及维生素 A，可为人体补充硒元素，保护心脏大脑的健康。

原料：猪肝 100 克，胡萝卜、洋葱、番茄各 50 克，菠菜、高汤、盐各适量。

做法：

1 将猪肝、胡萝卜分别洗净，切碎；洋葱剥去外皮切碎；番茄洗净去皮，切丁；菠菜择洗干净，用开水烫过后切碎。

2 将切碎的猪肝、洋葱、胡萝卜放入锅内并加入高汤煮熟，再加入番茄丁、菠菜碎、盐，略煮片刻即可。

蒜薹炒肉

营养功效：猪肉含有丰富的人体必需的多种氨基酸，与蒜薹搭配食用，可以补充多种矿物质及维生素。

原料：猪肉 100 克，蒜薹 200 克，生抽、水淀粉、盐各适量。

做法：

1 猪肉切丝，加生抽、水淀粉腌制；蒜薹洗净，切段。

2 锅中油热后，放入肉丝炒至变色，盛出。

3 锅中油热后，放入蒜薹段，翻炒均匀，炒到蒜薹稍稍变软，放入肉丝，煸炒至入味，加盐调味即可。

身体恢复和母乳喂养问题

关注产后抑郁

月子中的新妈妈大多待在家中，生活及角色的改变，加之体内激素的变化，会使新妈妈的情绪有所波动。此时新妈妈一定要注意心理的变化，保持良好的情绪及心理状态，才有利于母子的健康。

近年来，产后抑郁症的发生率较高，对家庭的危害非常大，要加以预防。产后抑郁症最初表现为情绪不稳、失眠、暗自哭泣、郁闷、注意力不集中、焦虑等，如果新妈妈发现自己处于这样的精神状态，要注意做出调整。

新妈妈要警惕产后抑郁，认识到产后心理的特点，要以乐观、健康的心态去对待所处的环境，不要让悲伤、沮丧、忧愁、茫然等不良情绪影响自己。平时注意要有充足的睡眠时间，不要过度疲劳。闲暇时可听一些轻柔、舒缓的音乐来调节身心。

丈夫最好也能陪伴在新妈妈身边，协助新妈妈护理宝宝，并要多陪伴新妈妈，谅解妻子产褥期的情绪波动，不要和妻子争吵。

剖宫产妈妈不要过早揭掉伤口的痂

一般剖宫产的手术伤口范围较大，皮肤的伤口在手术后5~7天即可拆线或去除皮肤痂，也有的医院进行可吸收线皮内缝合，不需拆线。但是，完全恢复的时间需要4~6周。过早强行揭痂会把尚停留在修复阶段的表皮细胞带走，甚至撕脱真皮组织，刺激伤口出现刺痒。剖宫产妈妈一定要细心呵护这些伤口，避免给非常忙乱的月子阶段增添更多麻烦。

乳汁太多这样喂奶

有的妈妈出乳孔较多，乳汁也很多，宝宝吸吮的时候流得很"冲"，喂奶的时候经常把宝宝呛着，有些妈妈就把奶挤掉一些再喂宝宝。其实，妈妈大可不必这么做。只要在喂奶时，用自己的食指和中指做出剪刀状，在乳晕处轻轻地夹着控制一下就可以了，这样乳汁就不会流得那么快了，也不用担心宝宝被呛着。

如果新妈妈感觉到自己有抑郁倾向，一定要与家人沟通，并注意多休息。

帮助宝宝含住乳晕的小窍门

很多妈妈在宝宝吃奶时感到乳头痛，这大多是因为宝宝没有含住乳晕，而仅仅是衔住乳头所致。怎么才能让宝宝含住大部分乳晕呢？妈妈先用手指或乳头轻触宝宝的嘴唇，他会本能地张大嘴巴，寻找乳头；拇指放在乳房上方，用其他手指以及手掌呈"C"字形托握住乳房；趁宝宝张大嘴巴，妈妈拉近宝宝，让他深深地含住乳头和乳晕；抱紧宝宝，并温柔地注视着他，鼓励他吃奶。

哺乳期间也要戴文胸

不少妈妈产后嫌麻烦，经常不穿文胸，要不然就穿大一号的文胸。其实，合适的文胸能起到支持和撑托乳房的作用，有利于乳房的血液循环，避免乳房下垂。

妈妈应根据乳房大小调换文胸的大小和杯罩形状，并保持吊带有一定拉力，将乳房向上托起。

文胸应选择透气性好的纯棉布料，可以穿着在胸前有开口的哺乳衫或专为哺乳期设计的文胸。

只有让宝宝含住妈妈的乳晕，他才能大口地吃奶，宝宝光含住乳头吃奶会非常费力。

哺乳妈妈少用药物缓解抑郁

产后抑郁是暂时的，它的好转就像它来时那么快。新妈妈需要家人的理解与呵护，多与有同样经历的妈妈讨论一下育儿经验，多分散注意力就可以缓解抑郁症状。如果靠药物来减轻这些症状，药物会随着乳汁分泌出来，宝宝吸收后身体会有不良的反应。

重视剖宫产妈妈的心理恢复

除了身体上的伤口之外，有些顺转剖的新妈妈认为没有亲身经历宝宝被娩出的过程，感到很遗憾，并且很难进入母亲角色。这需要新妈妈及时调整，家人也应多抚慰、引导。

第六章
产后第 5 周提升元气阶段

本周新妈妈基本可以恢复孕前的生活。要注意保持身体的清洁卫生，勤剪指甲；在饮食上注意不要进食生冷刺激类的食物，以免影响乳汁分泌和身体康复，可采用食补和按摩的方式淡化妊娠纹。此阶段新妈妈的腹部下垂不明显，身体大多已调整至原来的状态。大部分新妈妈能恢复正常活动，可以多到外面走一走，呼吸新鲜空气，改善心情，对产后恢复很有帮助。

新妈妈的身心变化

产后第5周，新妈妈的分娩伤口基本复原，这时可以采用一些方法来护理，淡化妊娠纹。

乳房

在哺乳期要避免体重增加过多，因为肥胖也会促使乳房下垂。在这一时期，一定要穿戴胸衣，同时要注意乳房卫生，防止发生感染。停止哺乳后更要注意乳房呵护，以防乳房下垂。

胃肠

产后1个月开始有意识地加强瘦身锻炼，新妈妈会发现，排便的次数会增加，但没有腹泻症状。

子宫

子宫体积已经慢慢收缩到原来的大小，已无法用手摸到。

伤口及疼痛

会阴侧切的新妈妈基本感觉不到疼痛，剖宫产新妈妈偶尔会觉得有些许疼痛，不过大多数新妈妈完全沉浸在照顾

怀孕期肚皮被撑大，皮肤弹力纤维与胶原纤维损伤或断裂，形成波浪状花纹。产后这些花纹会逐渐消失，留下一条条瘢痕线纹，即妊娠纹。妊娠纹一般无法根除，只能随时间慢慢变淡。

宝宝的辛苦和幸福中，并不觉得有多疼。

恶露

本周，新妈妈的恶露几乎排净了，白带开始正常分泌。如果本周恶露仍未干净，就要当心是否子宫复原不全、子宫迟迟不入盆腔而导致的恶露不净。

饮食要平衡摄入与消耗

这一时期新妈妈在饮食上既要满足产后身体的恢复，又要有充足的营养供应给宝宝，因此需要注意饮食的荤素搭配，适量吃些蔬菜和水果，也可促使身体代谢达到平衡。而产后第 5 周也是瘦身黄金周，新妈妈可以通过喂奶的方式让体内过多的营养物质通过乳汁排出，以避免体内脂肪堆积。

健康减重慢慢来

在孕期，为了保证自己与宝宝的营养需求，孕妈妈会摄入很多的食物，导致体重增长。而在产后为了身体的恢复与喂哺宝宝，新妈妈又进补了很多营养物质，这就很容易引起"产后肥胖症"。为此，在月子期的最后 2 周，新妈妈应多吃脂肪含量少的食物，如魔芋、竹荪、苹果等，以防止体重增长过快。

补充维生素 B_1 防脱发

新妈妈原本光泽、有韧性的头发会在产后失去光泽，变得干枯，有些新妈妈还会出现明显的脱发症状，这是受到体内激素的影响而造成的。一般这种情况会在 1 年之内自愈，新妈妈不必过分担心，可以通过吃一些花生、黑芝麻等维生素 B_1 含量丰富的食物来缓解。

每天饮用一杯牛奶

牛奶中含有两种催眠物质：一种是色氨酸，另一种是对生理功能具有调节作用的肽类。肽类的镇痛作用会让人感到全身舒适，有利于解除疲劳和改善睡眠，适用于产后体虚而导致神经衰弱的新妈妈。

食用坚果要适量

坚果的营养价值高，例如花生中富含维生素 E，核桃中富含铁、镁等矿物质，榛子中含有磷、钙、锰元素。新妈妈适量食用坚果可以帮助身体的恢复，也可以将坚果中的营养素通过母乳传递给宝宝。但坚果的油脂含量相对较高，多吃容易导致消化不良。

第29天

推荐食谱

这1周已经开始月子期的收尾工作，新妈妈在给予了宝宝丰富充足的营养之后，也要为自己体形恢复而做些工作了。饮食上新妈妈应少吃油腻食物，多吃些蔬菜瓜果，注意多补充水分。

产后的6个月是瘦身黄金期，新妈妈要抓住这一宝贵时期，多哺喂，适当运动，减少热量，达到瘦身的目的。科学、合理地安排饮食，使营养与消耗实现动态平衡，既能满足产后恢复身体的需要，又能以充足的营养满足宝宝的需要。

松子鸡肉卷

营养功效：松子有滋阴润肺、美容抗衰的作用，可以延缓衰老。松子中还含有丰富的磷和锰，对于大脑的健康发育有帮助。

原料：鸡胸肉250克，虾仁100克，胡萝卜50克，松子仁25克，蛋清、盐、料酒、淀粉各适量。

做法：

1 将鸡胸肉洗净，切成薄片；胡萝卜洗净去皮后，切成丝；虾仁切碎剁成蓉，放入碗中，加盐、料酒、蛋清和淀粉搅匀。

2 将鸡肉片平摊，在鸡肉片中间放入虾蓉、胡萝卜丝和松子仁卷成卷。将做好的鸡肉卷放入蒸锅，大火蒸10分钟即可。

苹果玉米汤

营养功效：此汤具有明显的利尿效果，有利于消除水肿，还可以使新妈妈的眼睛清澈明亮，皮肤更有光泽。

原料：苹果 1 个，玉米半根，白糖或冰糖适量。

做法：

1 苹果洗净，去核、去皮，切块；玉米剥皮洗净后，切成块。

2 把玉米块、苹果块放入汤锅中，加适量水，大火煮开，再转小火煲 40 分钟即可。

3 也可适量加些白糖或冰糖调味。

虾仁西葫芦

营养功效：西葫芦含有丰富的钙、维生素 C 及葡萄糖，尤其是钙的含量很高，是新妈妈补钙的好来源。

原料：西葫芦 200 克，虾仁 50 克，蒜末、盐、水淀粉各适量。

做法：

1 虾仁洗净，用沸水焯熟。

2 西葫芦洗净，切片。

3 锅中爆香蒜末后放西葫芦翻炒，放入虾仁，熟后加盐调味，用水淀粉勾芡即可。

白萝卜炖羊肉

营养功效：羊肉营养价值很高，肾阳不足、腰膝酸软、腹中冷痛、虚劳不足的新妈妈可以用它作为食疗品。

原料：羊肉 250 克，白萝卜 100 克，姜片、香菜、盐各适量。

做法：

1 羊肉洗净切块；白萝卜洗净，切块；香菜洗净切段。

2 将羊肉块、姜片放入锅中，加适量清水，烧开后转小火熬煮 1 小时。

3 放入萝卜块煮熟，最后加入盐、香菜段即可。

第 **30** 天 推荐食谱

菠菜鸡蛋饼

营养功效：此饼中碳水化合物和蛋白质、抗氧化剂成分含量丰富，具有抗衰老、强壮体质的功效，可为哺乳妈妈补充能量。

原料：面粉 100 克，鸡蛋 2 个，菠菜 3 棵，火腿肠 1 根，盐、香油各适量。

做法：

1 面粉倒入大碗中，加适量温水，再打入鸡蛋，搅拌成面糊。

2 菠菜择洗干净，焯水，切碎放入面糊里；火腿肠切丁，倒入面糊里。蛋面糊中加入适量盐、香油，搅拌均匀。

3 平底锅加少量油，倒入面糊，煎至两面金黄即可。

橘瓣银耳羹

营养功效：橘瓣银耳羹营养丰富，而且具有滋养肺胃、生津润燥、理气开胃的功效，新妈妈可当作甜品食用。

原料：银耳 15 克，橘子 1 个，冰糖适量。

做法：

1 将银耳泡发后去掉黄根等杂质，洗净；橘子去皮，瓣成瓣。

2 将银耳放入锅中，加适量水，大火烧沸后转小火，煮至银耳软烂。

3 将橘瓣和冰糖放入锅中，再用小火煮 5 分钟即可。

鸭块炖白菜

营养功效：鸭肉中含有丰富的 B 族维生素和维生素 E，可预防炎症的发生，增强新妈妈抵抗疾病的能力。

原料：鸭肉 200 克，白菜 150 克，料酒、姜片、盐各适量。

做法：

1 将鸭肉洗净，切块；白菜洗净，切段。

2 将鸭块放入锅内，加水煮沸去血沫，加入料酒、姜片，用小火炖至八成熟时，将白菜倒入，一起煮至熟烂，加入盐调味即可。

鲶鱼炖茄子

营养功效：鲶鱼中蛋白质含量较多，茄子含有丰富的膳食纤维和铁，这道菜具有补益身体的功效，适合身体虚弱的新妈妈食用。

原料：鲶鱼 1 条，长茄子 200 克，葱段、姜丝、白糖、黄酱、盐各适量。

做法：

1 鲶鱼处理干净；茄子洗净，切条。

2 油锅烧热，下葱段、姜丝炝锅，然后放黄酱、白糖翻炒。

3 加适量水，放入茄子和鲶鱼，炖熟后，加盐调味即可。

虾皮烧豆腐

营养功效：此道菜中植物蛋白和钙含量丰富，营养更全面，有助于新妈妈的伤口愈合。热量低，不会给身体增加多余的脂肪。

原料：豆腐 150 克，虾皮 20 克，盐、葱花、姜末、水淀粉各适量。

做法：

1 豆腐切丁，焯水；虾皮洗净，剁成末。

2 油锅烧热，放入葱花、姜末和虾皮爆香，倒入豆腐丁，加入盐、适量水，烧至豆腐熟透，用水淀粉勾芡。

胡萝卜炒鸡蛋

营养功效：胡萝卜富含丰富的膳食纤维，能帮助肠胃蠕动，非常适合胃胀气的新妈妈食用。胡萝卜还有补肝明目的作用。

原料：鸡蛋 2 个，胡萝卜 100 克，盐、葱花、高汤各适量。

做法：

1 胡萝卜洗净，切丝；鸡蛋磕入碗内，加盐搅匀，入锅炒散。

2 油锅烧热，爆香葱花，放入胡萝卜丝翻炒几下，加入盐及高汤，收干汤汁，放入鸡蛋，稍炒后盛入盘内。

第31天 推荐食谱

红豆双皮奶

营养功效：这道红豆双皮奶补钙、补铁又利尿，营养好吃又可以补充微量元素，还可以提高母乳的质量。

原料：牛奶200毫升，鸡蛋1个，红豆、白糖各适量。

做法：

1 蛋清倒入大碗；牛奶倒入小碗隔水加热后晾凉；红豆煮熟。

2 待小碗表层凝结成奶皮，将奶液倒入大碗中，奶皮留在碗底。大碗加白糖搅匀，再倒回小碗，使奶皮浮起。

3 小碗封上保鲜膜，隔水蒸10分钟，冷却后形成一层新的奶皮，撒上红豆。

青椒炒鸭血

营养功效：鸭血含铁量高，营养丰富，有补血、护肝、清除体内毒素、滋补养颜的功效，对缺铁性贫血的新妈妈具有食疗效果。

原料：鸭血100克，青椒1个，蒜、料酒、盐各适量。

做法：

1 鸭血和青椒洗净，切小块；蒜去皮，洗净，切片；鸭血在开水中余一下去腥。

2 油锅烧热，倒入青椒和蒜片，翻炒几下后倒入鸭血，继续翻炒2分钟。

3 最后加入适量料酒、盐翻炒即可。

珍珠三鲜汤

营养功效：此汤含有丰富的钙、β-胡萝卜素等，常吃可维持人体内维生素A的水平。热量不高，不会给身体增加过多的脂肪。

原料：鸡肉、胡萝卜、豌豆各50克，番茄1个，蛋清、盐、淀粉各适量。

做法：

1 豌豆洗净；胡萝卜、番茄切丁；鸡肉洗净剁成肉泥。

2 把蛋清、鸡肉泥、淀粉放在一起搅拌，捏成丸子。

3 豌豆、胡萝卜、番茄放入锅中，加水，炖至豌豆绵软；放入丸子煮熟，加盐调味即可。

骨汤奶白菜

营养功效：这道菜口感清淡香甜，胃口不佳时，适量吃一些，相信会提高新妈妈的食欲，还可以补充丰富的膳食纤维。

原料：奶白菜 200 克，猪里脊肉 100 克，香菜 2 棵，骨头汤、盐、香油、水淀粉各适量。

做法：

1 猪里脊肉洗净，切丝；香菜洗净切段。

2 奶白菜洗净，对半切开，焯水至断生，捞出摆盘。

3 锅中倒入骨头汤烧开，再放肉丝打散，加盐、水淀粉，再放香菜，淋香油。将做好的汤浇在奶白菜上。

蒜香黄豆芽

营养功效：黄豆芽具有清热明目、补气养血、防止牙龈出血等功效，还可以补充膳食纤维，并有瘦身减脂的作用。

原料：胡萝卜 100 克，黄豆芽 200 克，蒜、香油、酱油、盐各适量。

做法：

1 胡萝卜洗净，切成细丝；黄豆芽洗净；黄豆芽和胡萝卜丝分别焯水，捞出晾凉，摆盘。

2 蒜制成蒜泥，倒入香油、酱油、盐，拌匀成调味汁，浇在胡萝卜丝和黄豆芽上拌匀。

山药黑芝麻糊

营养功效：山药黑芝麻糊有益肝、补肾、养血、健脾、助消化、润发的作用，是非常好的保健食物。

原料：山药、黑芝麻各 50 克，白糖适量。

做法：

1 黑芝麻洗净，沥干水，放入锅内炒香，研磨成粉；山药洗净，烘干，研磨成细粉。

2 锅内加入适量清水，烧沸后将黑芝麻粉和山药粉加入锅内不断搅拌成糊，放入白糖调味，继续煮 5 分钟即可。

第 **32** 天 推荐食谱

香椿苗拌核桃仁

营养功效： 香椿有抗菌消炎、解热、增强机体免疫力的功能。新妈妈食用核桃仁有益于宝宝神经系统发育。

原料： 香椿苗 200 克，核桃仁 50 克，盐、白糖、醋、香油各适量。

做法：

1 香椿苗去根、洗净，用淡盐水浸一下；核桃仁用淡盐水浸一下，去皮。

2 从盐水中取出香椿苗和核桃仁，加盐、白糖、醋、香油拌匀即可。

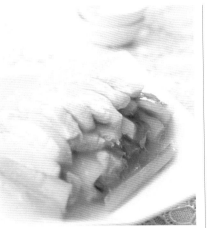

鸡脯烧小白菜

营养功效： 鸡肉热量低，含有丰富的钙、磷、铁、烟酸和维生素 C，具有健脾胃、活血脉、强筋骨的功效。

原料： 小白菜 300 克，鸡脯肉 200 克，牛奶、鸡汤、盐、葱花、水淀粉各适量。

做法：

1 小白菜洗净，切段；鸡脯肉切条，沸水焯烫，洗去血沫。

2 油锅烧热，放入葱花爆香，放入鸡脯肉条、小白菜段略微翻炒，倒入鸡汤大火烧开，转中火炖煮。

3 待食材熟透，倒入牛奶略煮，加盐调味，水淀粉勾芡即可。

腐竹烧油菜

营养功效： 油菜含有相当丰富的维生素和膳食纤维，能够缓解新妈妈便秘的症状。腐竹含有丰富的铁，对缺铁性贫血有一定疗效。

原料： 水发腐竹 30 克，油菜 150 克，酱油、盐、葱丝、姜末各适量。

做法：

1 将油菜洗净，切成条；腐竹切成段。

2 油锅烧热，放入葱丝、姜末炝锅，倒入油菜、腐竹煸炒断生。

3 加入酱油、盐，翻炒均匀即可。

彩椒炒腐竹

营养功效：此菜维生素 C、蛋白质、卵磷脂含量丰富，是新妈妈增加抵抗力和预防心血管疾病的好食材。

原料：黄椒、红椒各 50 克，腐竹 80 克，葱末、盐、香油、水淀粉各适量。

做法：

1 黄椒、红椒洗净，切菱形片；腐竹泡软后切成段。

2 油锅烧热，煸香葱末，放入黄椒片、红椒片、腐竹段翻炒。

3 放水淀粉勾芡，出锅时加盐调味，再淋香油即可。

荠菜魔芋汤

营养功效：魔芋食后有饱腹感，可减少食物的摄入，从而控制热量的摄入，避免脂肪堆积，是新妈妈瘦身减脂理想食材。

原料：荠菜 150 克，魔芋 100 克，姜丝、胡萝卜丝、盐各适量。

做法：

1 荠菜洗净，切段；魔芋洗净，切成条，用热水煮 2 分钟去味，沥干。

2 锅内加清水、魔芋条、胡萝卜丝、姜丝一同用大火煮沸。

3 下入荠菜段，转中火煮至荠菜熟软，加盐调味即可。

海参木耳烧豆腐

营养功效：此菜具有补肾益气、填精养血、健脑益智、增强人体免疫力的功效，可改善产后新妈妈的贫血症状。

原料：海参 50 克，豆腐 100 克，木耳、芦笋、胡萝卜、葱末、姜末、盐、水淀粉各适量。

做法：

1 芦笋、胡萝卜、豆腐洗净切丁；木耳泡发，切碎；海参切块。

2 油锅烧热，爆香葱末、姜末，放入海参翻炒，再加入胡萝卜丁、木耳碎继续翻炒，加入适量水。水烧沸后倒入豆腐丁、芦笋丁稍煮，加盐调味，用水淀粉勾芡即可。

第 33 天 推荐食谱

乌鸡糯米粥

营养功效：乌鸡的营养高于普通鸡，它有补虚的作用，糯米香甜，食欲不佳的新妈妈可以食用一些。

原料：乌鸡腿 100 克，糯米 50 克，葱丝、盐各适量。

做法：

1. 乌鸡腿洗净，切块，放入开水锅中汆烫，捞出并沥干。
2. 乌鸡腿放入汤锅中，加水，大火煮开后转小火炖煮 20 分钟。
3. 加入糯米同煮，大火再次煮沸后，转小火煮至糯米软烂。
4. 加入葱丝、盐，盖上锅盖小火焖一会即可。

樱桃虾仁沙拉

营养功效：樱桃含铁丰富，虾仁是高钙食物，二者搭配食用能满足产后新妈妈的营养所需。沙拉中脂肪量较少，有利于新妈妈瘦身。

原料：樱桃 100 克，虾仁 50 克，青椒、红椒各半个，酸奶适量。

做法：

1. 樱桃、青椒、红椒分别洗净，去核去子，切丁；虾仁洗净，切丁。
2. 锅中烧水，水沸后放入虾仁丁、青椒丁、红椒丁焯熟，晾凉。
3. 盘中放入樱桃丁、青椒丁、红椒丁、虾仁丁，倒入酸奶拌匀即可。

竹荪红枣茶

营养功效：竹荪有补气养阴、清热利湿的功效，能降低体内胆固醇含量降血脂、减少腹壁脂肪的堆积。

原料：竹荪 100 克，红枣 6 颗，莲子 20 克，冰糖适量。

做法：

1. 竹荪用清水浸泡 1 小时，泡发后洗净，放在热水中煮 3 分钟，捞出沥干；莲子洗净去心；红枣洗净，去掉枣核。
2. 将竹荪、莲子、红枣肉一起放入锅中，加清水大火煮沸后转小火再煮 20 分钟。出锅前加入适量冰糖调味即可。

虾仁丝瓜汤

营养功效：丝瓜富含维生素 B_1，能增强食欲，缓解疲劳，还能清热、通便。丝瓜还具有通经络、行血脉的功效。

原料：虾仁、丝瓜各 100 克，盐、葱末、姜末、香油各适量。

做法：

1 虾仁洗净；丝瓜洗净，去皮，切段。

2 油锅烧热，放入葱末、姜末爆香，放入虾仁翻炒。

3 再放入丝瓜同炒，倒入适量水，调入盐烧沸，淋上香油即可。

清蒸鲈鱼

营养功效：鲈鱼的口感清爽，营养价值很高，脂肪含量低，可促进乳汁分泌，是哺乳妈妈增加营养又不会长胖的美食。

原料：鲈鱼 1 条，姜末、葱末、盐各适量。

做法：

1 将鲈鱼去鳞、去鳃、去内脏，洗净，两面划几刀，抹匀盐后放盘中腌 5 分钟。

2 将葱末、姜末铺在鱼身上，上蒸锅隔水蒸 15 分钟即可。

冬瓜海米汤

营养功效：冬瓜含维生素 C 较多，有减肥降脂的作用，是新妈妈瘦身的好选择。与海米搭配，还有补钙、帮助骨骼成长的作用。

原料：冬瓜 50 克，木耳 30 克，鸡蛋 1 个，海米、香菜段、葱花、香油、盐各适量。

做法：

1 冬瓜去皮去瓤，洗净，切片；鸡蛋打散；木耳泡发，撕成小朵。

2 锅中放油，加入葱花爆香，下海米略炒，再倒入冬瓜片翻炒片刻。加入适量水烧开，放入木耳用大火煮开，加盐。倒入打散的鸡蛋液，煮至食材全熟，撒上香菜段，淋上香油即可。

第 **34** 天 推荐食谱

山楂绿豆粥

营养功效：此粥具有清热解毒、利水消肿、去脂减肥的功效，可以帮助新妈妈产后瘦身，恢复体形。

原料：红薯 100 克，山楂 20 克，绿豆粉 50 克，大米 30 克，白糖适量。

做法：

1 红薯去皮洗净，切成小块；山楂洗净，去子切末。

2 大米洗净后放入锅中，加适量清水，用大火煮沸。

3 加入红薯块煮沸，改用小火煮至粥将成，加入山楂末、绿豆粉煮沸，煮至粥熟透，加白糖即可。

炝拌黑豆苗

营养功效：黑豆苗含有丰富的蛋白质、碳水化合物、铁、钙、磷及胡萝卜素，有活血利尿、清热消肿、补肝明目的功效。

原料：黑豆苗 200 克，醋、花椒粒、干辣椒碎、葱末、蒜末、盐各适量。

做法：

1 黑豆苗放入沸水中焯烫至熟，捞出沥干。

2 油锅烧热，放入蒜末爆香，然后放入干辣椒碎、花椒粒，制成花椒油。

3 将花椒油淋在黑豆苗上，加葱末、醋、盐搅拌匀即可。

白萝卜蛏子汤

营养功效：这道白萝卜蛏子汤可以增强食欲，蛏子肉的钙质含量很高，是帮助新妈妈补钙的好食物。

原料：蛏子 100 克，白萝卜 50 克，葱花、姜片、盐、料酒各适量。

做法：

1 将蛏子洗净，放入淡盐水中泡 2 小时；蛏子入沸水略烫一下，捞出剥去外壳；把白萝卜削去外皮，切成细丝。

2 锅内放油烧热，放入姜片炒香后，倒入清水、料酒。将剥好的蛏子肉、白萝卜丝一同放入锅内同时炖煮。汤煮沸后，放入少许盐调味，撒上葱花即可。

清炒蚕豆

营养功效：蚕豆中含有丰富的钙、锌、磷脂等物质，能起到增强神经系统活性和记忆力的效果，可以帮助新妈妈健脑。

原料：蚕豆200克，彩椒、葱、盐各适量。

做法：

1 彩椒切丁；葱切末；蚕豆洗净。

2 油锅烧至八成热时，放入葱末爆香，倒入蚕豆、彩椒丁，大火翻炒，加水焖煮，水量与蚕豆持平。

3 煮至蚕豆表皮裂开后，加盐调味即可。

蜜汁南瓜

营养功效：南瓜含有丰富的膳食纤维、维生素及碳水化合物，是适合新妈妈产后恢复的好食材。

原料：南瓜300克，红枣、白果、枸杞子、蜂蜜、白糖、姜片各适量。

做法：

1 南瓜去皮、切丁；红枣、枸杞子用温水发开。

2 切好的南瓜丁放入盘中，加入红枣、枸杞子、白果、姜片，入蒸笼蒸15分钟。

3 油锅烧热，放入白糖和蜂蜜翻炒，再加一点水，小火熬制成汁，倒在南瓜上即成。

海带烧黄豆

营养功效：海带含有多糖可降血脂，有益减肥。海带含甘露醇，有利尿作用，可缓解身体水肿症状。

原料：海带100克，黄豆、红椒丁各30克，盐、葱末、姜末、水淀粉、高汤、香油各适量。

做法：

1 将海带洗净，切丝；黄豆洗净，浸泡2小时后，煮熟。

2 锅中放油，葱末、姜末煸出香味，放入海带丝煸炒，然后加高汤，放入煮熟的黄豆。再加入盐，小火烧至汤汁收干，加入红椒丁，用水淀粉勾芡，淋上香油即可。

第 35 天 推荐食谱

牛蒡粥

营养功效：牛蒡能清热解毒，预防脂肪生成，牛蒡根含有人体必需的多种氨基酸，且含量较高，适合新妈妈作为加餐食用。

原料：牛蒡、猪瘦肉各 30 克，大米 100 克，盐适量。

做法：

1 牛蒡去皮，洗净切片；猪瘦肉洗净，切条；大米洗净，浸泡。

2 锅置火上，放入大米和适量清水，大火煮沸后改小火，放入牛蒡片和猪瘦肉条，小火熬煮 30 分钟，待粥黏稠时，加盐即可。

凉拌海蜇

营养功效：海蜇有清热解毒、化痰软坚、降压消肿的功效，可以帮助新妈妈排除身体内多余的水分，瘦身减脂。

原料：海蜇皮 200 克，黄瓜丝 50 克，醋、香油、盐各适量。

做法：

1 将海蜇皮洗净切丝，浸泡，去咸味；用七成热的水把海蜇丝烫至断生，捞出沥干水分。

2 把醋、香油、盐放在小碗中调匀。

3 把黄瓜丝先放盘里，再把海蜇丝放在黄瓜丝上面，浇上调料拌匀即可。

芦笋炒虾球

营养功效：此菜肴色彩明亮，清脆爽口，营养搭配科学，让新妈食欲大开。还对心脑血管的健康益处多多。

原料：虾仁 100 克，芦笋、木耳各 50 克，姜丝、蒜片、水淀粉、料酒、盐各适量。

做法：

1 将木耳泡发，洗净；虾仁用盐、料酒抓匀，腌 10 分钟。

2 芦笋去皮，切段，和虾仁一起放入开水中余一下。

3 油锅烧热，放入姜丝、蒜片爆香，倒入芦笋段、木耳、虾仁翻炒，出锅前加盐，淋少许水淀粉即可。

牛蒡炒肉丝

营养功效：牛蒡中的膳食纤维可以促进大肠蠕动，减少代谢废物在体内的积存，有益于新妈妈和宝宝的健康。

原料：牛蒡200克，猪瘦肉100克，鸡蛋1个，葱末、盐、醋、淀粉各适量。

做法：

1 猪瘦肉洗净切丝，加盐、蛋液、淀粉拌匀；牛蒡洗净切丝。

2 锅中放葱末炒香，倒入牛蒡丝翻炒，再加瘦肉丝翻炒至熟透，加醋、盐调味，用水淀粉勾芡。

炒豆皮

营养功效：豆腐皮富含蛋白质，与素菜搭配，既有助于新妈妈恢复，又不会让新妈妈摄入过多脂肪，是瘦身的佳品。

原料：豆腐皮1张，香菇、胡萝卜各50克，香油、姜片、盐各适量。

做法：

1 豆腐皮切片；香菇洗净，切块；胡萝卜洗净，切丝。

2 将香油烧热，爆香姜片，再放入豆腐皮、胡萝卜丝、香菇块，炒熟放盐调味即可。

紫薯山药球

营养功效：山药含有氨基酸、维生素 B_2、维生素 C 及钙、磷、铁、碘等，绵软香甜的味道，新妈妈一定会喜欢。

原料：紫薯150克，山药100克，炼奶适量。

做法：

1 紫薯、山药分别洗净，去皮，蒸烂后压成泥。

2 在山药泥中混入紫薯泥并加适量蒸紫薯的水，然后拌入炼奶混合均匀，搓成球状即可。

身体恢复和母乳喂养问题

吃好睡好心情好，奶水自然多又好

说起催乳，新妈妈脑海里的第一反应肯定是各种五花八门的催乳妙方，网上的催乳茶、月子水更是传得神乎其神。

其实，新妈妈往往忽略了最自然的催乳方法，那就是吃好、睡好、心情好。新妈妈不禁要问："这样就能催乳？"答案是肯定的。吃对食物、拥有高质量的睡眠、保持愉悦的心情是保证充足奶水的三大法宝。

提高母乳质量

母乳是宝宝最理想的天然食品，为保证宝宝健康，哺乳妈妈要注意提高母乳质量。为此，不仅要维护好自己身体的健康，而且要保持快乐、舒畅的心情。

在哺乳期间，所需的营养物的质和量，都比平时要高。饮食要多样化，不要偏食；所吃的食物要新鲜；多吃含有丰富蛋白质的食物，如牛奶、豆制品、鱼、鸡肉、蛋等。只有妈妈吃得好，自身健康，泌乳充足，才能保证宝宝健康成长。

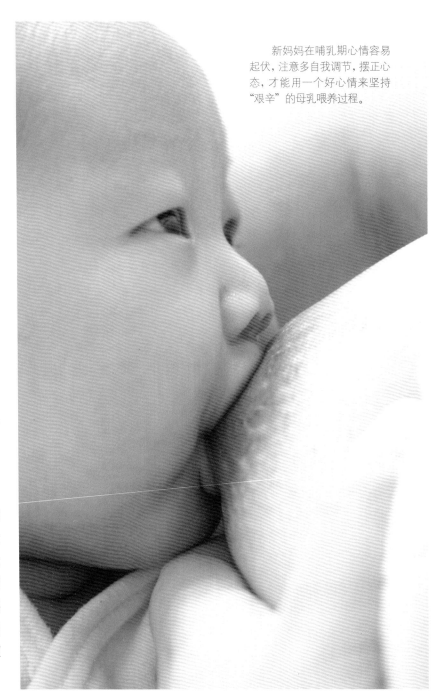

新妈妈在哺乳期心情容易起伏，注意多自我调节，摆正心态，才能用一个好心情来坚持"艰辛"的母乳喂养过程。

安全有效的催乳按摩

按摩催乳的原则是理气活血、舒筋通络，是一种简便、安全、有效的催乳方式。按摩之前，新妈妈最好用温水热敷乳房几分钟，遇到有硬块的地方要多敷一会儿，然后再开始进行按摩。

环形按摩：双手置于乳房的上、下方，以环形方向按摩整个乳房。

指压式按摩：双手张开置于乳房两侧，由乳房向乳头慢慢挤压。

螺旋形按摩：一手托住乳房，另一手食指和中指以螺旋形向乳头方向按摩。

避开"危险"食物，养出好母乳

为了宝宝的健康，哺乳妈妈一定要管好自己的嘴，避开一些影响母乳分泌的"危险"食物，为宝宝提供最好的乳汁。

大麦及其制品，如大麦芽、麦芽糖等食物有回乳作用，所以准备哺乳或产后仍在哺乳期的新妈妈应忌食。欲断乳的新妈妈可以将大麦作为回乳食品。

另外，基本上只要是凉性的食物，大多会回乳，比如菊花茶、瓜类、薄荷等。

产后新妈妈大量失血、出

哺乳期的饮食也关系到宝宝的生长发育，要注意避开一些不利于乳汁分泌的食物。

汗，加之组织间液也较多地进入血液循环，故机体阴津明显不足，而辛辣燥热食物均会伤津耗液，使新妈妈上火、口舌生疮，大便秘结或痔疮发作，而且会通过乳汁使宝宝内热加重。因此，新妈妈忌食辣椒、胡椒、小茴香等。

产后畏寒怕冷早调理

产后畏寒怕冷的新妈妈不在少数，这是由于生产后气血亏虚，不注意保养引起的。新妈妈在月子期间一定要注意保暖，避免吹风受寒，对于体质弱的新妈妈来说应从饮食入手调理身体。

因为产后气血虚弱、筋骨松弛，所以要避免吹风着凉。尤其冬季和初春坐月子的新妈妈要注意。可以根据室内的温度选择厚薄适宜的衣服。一般情况下，最舒适的就是宽松的棉质睡衣套装，分上衣、裤子的那种款式。即便夏季坐月子也不能贪凉，不吃生冷、过硬的食物；冬季吃水果时，最好放温水里暖一下，以不冰凉为原则。月子期间不宜外出，尤其是冬季，但是在室内适当的运动还是必要的。

第七章
产后第 6 周瘦身养颜阶段

月子即将结束了，新妈妈的身体复原得差不多了，照顾宝宝也得心应手了，便开始怀念自己孕前窈窕的身姿和青春的面孔。所以本周新妈妈的饮食重点宜放在促进新陈代谢上，为瘦身养颜做好准备。

新妈妈的身心变化

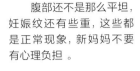

腹部还不是那么平坦，妊娠纹还有些重，这些都是正常现象，新妈妈不要有心理负担。

胃肠

基本上没有什么不适感，瘦身食谱的使用令胃肠变得很轻松。

子宫

新妈妈的子宫内膜已经复原，子宫体积慢慢收缩到原来的大小，宫颈口恢复闭合到产前程度。

新妈妈会发现妊娠纹颜色逐渐变淡，因怀孕造成的腹壁松弛状况有所改善。最终妊娠纹会淡至银白色，而腹壁肌肉也会完全恢复至孕前紧致状态。

恶露

上1周恶露已经完全消失，有些新妈妈会发现自己开始来月经了。产后首次月经的恢复及排卵的时间会受哺乳影响，不哺乳的新妈妈可能在产后6~10周就出现月经，而哺乳新妈妈的月经一般会延迟一段时间。

伤口

到了本周末，与宝宝一起去做产后检查时，有的新妈妈才感受到伤口上的痛，估计是一种心理上的条件反射。新妈妈大可不必在意。

心理

大部分新妈妈已经适应了目前的生活，虽然忙碌，但看着可爱的宝宝心情也会变得非常好，对未来的生活也充满了希望。

Chopsticks

Rice Spoon

别长时间喝肉汤

奶水充足的新妈妈不必额外喝大量肉汤,奶水不足的可以喝一些肉汤,但应去除过多的油脂。如果新妈妈长时间摄入脂肪过多,不仅体形不好恢复,而且可能会导致宝宝腹泻。

合理控制体重

有些新妈妈不注意饮食,盲目进补,再加上不爱运动,体重反而比怀孕的时候重。其实,新妈妈适量补充营养就好,不要暴饮暴食,特殊补品宜少不宜多。

另外,新妈妈还要注意多活动、多运动,这是合理控制体重的有效方式,不仅有利于促进血液循环,加速恶露排出,也有利于各器官功能的恢复。但是,锻炼的时间不可过长,运动量也不能过大,要注意循序渐进,逐渐增加运动量。

根据宝宝生长情况调整饮食

宝宝的生长发育与母乳的质量息息相关,而宝宝是否能完全吸收营养,通过大便可以反映出来。如果宝宝的大便呈绿色,且量少、次数多,说明宝宝的"饭"不够吃,就需要妈妈多吃些下奶餐。如果宝宝的便便呈油状,并且有奶瓣儿,则说明妈妈饮食中脂肪过多,这时就要少吃脂肪含量高的食物。总之,为了宝宝的健康,哺乳妈妈要注意观察宝宝的大便,并随时调整自己的饮食结构。

瘦身宜增加膳食纤维的摄入量

膳食纤维具有纤体排毒的功效,因此新妈妈在一日三餐中应多摄取西芹、南瓜、红薯与芋头这些富含膳食纤维的蔬菜,可以促进胃肠蠕动,减少脂肪堆积。含膳食纤维较多的水果有木瓜、火龙果、苹果、香蕉等。

豆皮素菜卷

营养功效：豆腐皮中含有大量卵磷脂，可以防止血管硬化，含有多种矿物质，可以补充钙质，预防因缺钙引起的骨质疏松。

原料：豆腐皮 300 克，干香菇 50 克，红椒 1 个，木耳、葱末、酱油、白糖、水淀粉、盐各适量。

做法：

1 木耳用水泡发，切丝；香菇用温水泡发切丝；红椒切丝。

2 将豆皮平铺在案板上，铺上木耳丝、香菇丝、红椒丝，卷起。将豆皮卷码盘，上锅蒸 5 分钟。

3 油锅烧热，爆香葱末，加酱油、白糖、盐、水烧开，用水淀粉勾芡，浇在豆皮卷上即可。

第 36 天

推荐食谱

新妈妈切不可认为自己休整得差不多了就忽略了补血。哺乳期新妈妈的重点是保证自身和宝宝的营养需求，严控摄入过量脂肪。同时，为了以后健康瘦身，新妈妈要根据自身情况进行补血。可以多吃一些补血的食物，调理气血，如黑豆、紫米、红豆、猪心、红枣等。

如果新妈妈身体恢复得较好，胃肠功能也基本恢复，可以多吃些高膳食纤维的食物，再配合适当的运动，有利于控制体重。

木瓜竹荪炖排骨

营养功效：竹荪有保护肝脏、减少腹壁脂肪堆积的作用，从而帮助新妈妈达到减肥、瘦身、减脂的目的。

原料：排骨 300 克，竹荪 50 克，木瓜半个，盐适量。

做法：

1 排骨切块，放入沸水中余烫一下，洗去血沫；竹荪用盐水泡发，洗净，剪小段；木瓜去皮去子，切块。

2 竹荪段、排骨段、木瓜块一起放入砂锅，加水炖 1 小时。

3 待排骨熟透，加盐调味即可。

玉米面发糕

营养功效：玉米面富含碳水化合物、维生素和矿物质，有助于帮且新妈妈排毒养颜、软化血管、降低血脂。

原料：面粉、玉米粉各 80 克，红枣、泡打粉、酵母粉、白糖各适量。

做法：

1 将面粉、玉米面、白糖、泡打粉先在盆中混合均匀；酵母粉溶于温水后倒入面粉中，揉成均匀的面团。将面团放入蛋糕模具中，放温暖处饧 30 分钟左右。

2 红枣洗净，加水煮 10 分钟；将煮好的红枣嵌入发好的面团表面，入蒸锅。

3 开大火，蒸 20 分钟，立即取出，取下模具，切成块即可。

盐水鸡肝

营养功效：鸡肝可以补充铁，而且富含维生素 A、维生素 B$_2$，能增强新妈妈的免疫力，同时也有利于保护视力。

原料：鸡肝 5 个，香菜末、葱末、姜片、盐、料酒、醋、香油各适量。

做法：

1 鸡肝洗净，放入锅内，加适量清水、姜片、盐、料酒、醋，煮 15 分钟至鸡肝熟透。

2 鸡肝放凉，切片，加醋、葱末、香油、香菜末，拌匀即可。

第 **37** 天 推荐食谱

糖醋西葫芦丝

营养功效：西葫芦含有多种 B 族维生素和水分，可保持细胞的正常代谢，让皮肤更加的水润有光泽，为身体提供能量。

原料：西葫芦 200 克，木耳 10 克，蒜末、花椒粒、盐、醋、白糖、淀粉各适量。

做法：

1 西葫芦洗净，切丝；木耳泡发后洗净，切丝。

2 锅内放油，放入花椒粒，炸至变色，捞出花椒。油锅里放入蒜末，煸香。倒入西葫芦丝翻炒，再倒入木耳丝炒匀。用盐、白糖、醋、淀粉和水调成汁，沿锅边淋入锅里，翻炒均匀。

丝瓜糙米粥

营养功效：糙米富含膳食纤维，有助于预防脂肪堆积；虾仁热量低，有助于新妈妈控制体重和瘦身减脂。

原料：丝瓜 100 克，虾仁 50 克，糙米 60 克，盐适量。

做法：

1 将糙米清洗后加水泡 1 小时；虾仁洗净；丝瓜洗净去皮，切片。

2 将泡好的糙米、洗净的虾仁一同放入锅中，加入适量水，用中火煮成粥。

3 将丝瓜片放入已煮好的粥内，煮熟后，加少许盐调味即可。

菠菜拌果仁

营养功效：核桃仁中的蛋白质和氨基酸，可以促进智力发育，加快脑细胞发育与再生，提高大脑功能和记忆力。

原料：菠菜 300 克，核桃仁 30 克，香油、生抽、香醋、白糖、盐各适量。

做法：

1 菠菜放入开水中焯一下，捞出过凉，沥干。

2 核桃仁放入碗中，用热水浸泡，去皮。

3 将香油、生抽、香醋、白糖、盐调成调味汁。

4 菠菜切段，加调味汁、核桃仁搅拌均匀即可。

红豆饭

营养功效：红豆中含维生素 B_1 和蛋白质，可以辅助治疗产后水肿，缓解新妈妈水肿的症状，也是瘦身的好选择。

原料：红豆 50 克，大米 100 克，熟黑芝麻适量。

做法：

1 红豆洗净，加入水煮开后，调成中火煮 10 分钟后熄火待凉。

2 大米洗净，与红豆连汤混合泡 1 小时，倒入电饭锅蒸熟，撒上熟黑芝麻即可。

银鱼豆芽

营养功效：银鱼有润肺止咳、补脾胃、利水、排毒养颜的功效，与有润肠通便作用的豆芽一起食用，有排毒养颜、缓解疲劳的作用。

原料：银鱼 50 克，黄豆芽 200 克，豌豆、胡萝卜丝、葱花、盐、白糖、醋各适量。

做法：

1 银鱼汆水后沥干；豌豆煮熟；黄豆芽洗净。

2 炒锅加底油，爆香葱花，放入黄豆芽、银鱼和胡萝卜丝，略炒后加入煮熟的豌豆，加白糖、醋、盐调味。

海参当归补气汤

营养功效：此汤可以改善腰酸乏力、困乏倦怠。海参富含蛋白质，适合产后虚弱、消瘦乏力、肾虚水肿的妈妈食用。

原料：海参 50 克，黄花菜、荷兰豆各 30 克，当归、百合、姜丝、盐各适量。

做法：

1 先用热水将海参泡发，放入锅中煮一会儿，捞出，沥干水；黄花菜泡发，沥干。

2 锅中爆香姜丝，放入泡好的黄花菜、荷兰豆、当归，加入适量清水煮沸。加入百合、海参，用大火煮熟后，加入盐调味即可。

第 38 天 推荐食谱

芝麻酱拌苦菊

营养功效： 此菜香味浓郁，口感清爽，富含钙、维生素等营养成分，经常食用对骨骼、牙齿的发育都大有益处。

原料： 苦菊100克，芝麻酱10克，盐、醋、白糖、蒜泥各适量。

做法：

1 苦菊洗净，撕成片。

2 芝麻酱用适量温开水化开，加入盐、白糖、蒜泥、醋搅拌成糊状。

3 把拌好的芝麻酱倒在苦菊上，拌匀即可。

无花果蘑菇汤

营养功效： 无花果低糖且纤维含量高，可清理肠胃、排除毒素，是帮助新妈妈瘦身减重的理想食物。

原料： 干无花果、蘑菇各50克，姜片、蒜片、盐各适量。

做法：

1 干无花果放入水中，浸泡5分钟，捞出；蘑菇用温水浸泡20分钟，洗净、切片。

2 将无花果、蘑菇片、姜片、蒜片放入锅中，倒入适量水，大火煮沸。

3 转小火再煮30分钟，加盐调味即可。

虾泥馄饨

营养功效： 虾有镇定和安神的功效，可帮助哺乳妈妈远离抑郁情绪。虾中含有的镁能很好地保护心血管系统。

原料： 馄饨皮15个，白萝卜、胡萝卜、虾仁、香菇各20克，鸡蛋1个，盐、香油、葱末、姜末各适量。

做法：

1 白萝卜、胡萝卜洗净，剁碎；香菇和虾仁泡好后剁碎；鸡蛋打成蛋液。

2 锅内倒油，放葱末、姜末，下入胡萝卜碎煸炒，再放入蛋液划散，晾凉。把所有材料混合，加盐和香油，调成馅，用馄饨皮包成馄饨，煮熟即可。

玉竹百合苹果羹

营养功效：此汤对产后新妈妈有美容护肤和瘦身的作用，既能帮助哺乳妈妈泌乳又有减重的作用。

原料：玉竹、百合各 20 克，红枣 5 颗，陈皮 6 克，苹果 1 个，猪瘦肉 50 克。

做法：

1 将所有材料洗净，苹果去核，切块；陈皮切丝；猪瘦肉切末。

2 将除猪瘦肉以外的所有材料同放锅中，加适量水，煮开时下猪瘦肉，用中火煮 1 个小时即可。

苦瓜豆腐汤

营养功效：苦瓜有清热解毒去火、利尿凉血的作用，还能润肠通便，和豆腐一起吃，有改善食欲不振的情况。

原料：苦瓜 1 根，豆腐 300 克，香油、水淀粉、盐各适量。

做法：

1 苦瓜去子，切条，用开水焯烫 2 分钟，捞出；豆腐切片。

2 将苦瓜条和豆腐片放入砂锅中，加入清水，大火煮沸。

3 转小火煲 20 分钟，加盐调味，用小淀粉勾薄芡，淋上香油即可。

彩椒炒牛肉

营养功效：这道菜具有补脾和胃、益气补血、补中益气、强健筋骨的作用，对强健新妈妈的身体十分有效。

原料：牛里脊肉、红椒、黄椒各 100 克，料酒、淀粉、盐、蛋清、姜丝、酱油、高汤各适量。

做法：

1 牛里脊肉洗净、切丝，加盐、蛋清、料酒、淀粉拌匀；红椒、黄椒洗净切丝；酱油、高汤、淀粉调成芡汁。

2 红椒丝、黄椒丝炒至断生，备用；牛肉丝炒散，加红椒丝、黄椒丝、姜丝炒香，用芡汁勾芡，翻炒均匀即可。

第 39 天 推荐食谱

雪菜肉丝汤面

营养功效：这道面食能令新妈妈体力充沛，体力好才有精力照顾好宝宝。雪菜有解毒的作用，可以促进伤口愈合。

原料：面条100克，猪肉丝、雪菜各30克，酱油、盐、料酒、葱花、高汤各适量。

做法：

1. 雪菜洗净，切碎末；猪肉丝加料酒拌匀。

2. 锅中倒油烧热，下葱花、肉丝煸炒，再放入雪菜末翻炒，放入料酒、酱油、盐，拌匀盛出。

3. 面条煮熟，盛到碗里，放入酱油、盐和高汤，把炒好的雪菜肉丝覆盖在面条上即可。

姜汁撞奶

营养功效：这道甜品口感嫩滑，可以滋补强身，去除寒湿、化痰止咳，有很好的暖胃、润肺的功效。

原料：全脂鲜牛奶250毫升，姜汁、冰糖各适量。

做法：

1. 先将姜汁置入碗中。

2. 将冰糖加少量清水煮溶后，再加入年奶煮至沸滚，转小火将牛奶继续煮3分钟。

3. 将滚透的牛奶马上倒入置有姜汁的碗中，就可以凝结成非常嫩滑的姜汁撞奶。

火龙果炒鸡丁

营养功效：火龙果有减肥、美容、降低胆固醇、预防便秘等作用，它所含的维生素C能够美白皮肤，可以令新妈妈肌肤水嫩。

原料：鸡胸肉200克，火龙果200克，青椒、红椒、盐、水淀粉各适量。

做法：

1. 将鸡胸肉切成小丁，用盐、水淀粉抓匀。

2. 青椒、红椒切小丁；火龙果切小丁。

3. 油锅烧热，下鸡肉丁快速滑炒，放入青椒丁、红椒丁，加少许的盐翻炒2分钟，加入火龙果丁翻炒均匀即可出锅。

烤鳗鱼

营养功效：鳗鱼富含有蛋白质，对增强新妈妈免疫力、提高身体素质、抵御疾病等都有很大的帮助。

原料：鳗鱼 300 克，辣椒粉、孜然粉、酱油、盐各适量。

做法：

1 鳗鱼洗净，去骨、切段；将辣椒粉、孜然粉、盐放入碗中拌匀。

2 烤箱预热，烤盘铺上锡纸。将鳗鱼两面刷油，放入烤盘。

3 鳗鱼放入烤箱中层，200℃烤10 分钟后，取出。将鳗鱼两面刷上酱油，均匀撒上调好的调料，再放入烤箱烤 8 分钟即可。

紫菜虾皮豆腐汤

营养功效：紫菜中含有丰富的胆碱成分，有增强记忆的作用，可以帮助新妈妈提高记忆力。

原料：紫菜 30 克，豆腐 100 克，鸡蛋 1 个，虾皮、盐、胡椒粉、香油各适量。

做法：

1 鸡蛋打成蛋液；豆腐切小块；锅中放水，煮沸后放入豆腐和虾皮。

2 汤再次煮沸后倒入打好的鸡蛋液。紫菜手撕小朵放入，放盐、胡椒粉，煮 3 分钟。出锅前倒入香油即可。

蒜蓉烤扇贝

营养功效：扇贝有补肾养血、和胃调中的作用，富含碳水化合物，有助于维持大脑功能，提高大脑活跃度。

原料：扇贝 6 只，蒜蓉、葱花、姜末、蚝油、香油、盐、料酒各适量。

做法：

1 将扇贝清洗干净后，在盐水中浸泡 10 分钟左右。

2 将蒜蓉、蚝油、姜末、葱花、料酒、香油、盐拌匀调成汁，淋在扇贝上。

3 放入微波炉，中火加热 15 分钟即可。

第 **40** 天 推荐食谱

五谷豆浆

营养功效：五谷豆浆富含维生素和碳水化合物，哺乳妈妈常喝可为宝宝的成长发育提供营养和能量。

原料：黄豆 40 克，大米、小米、小麦仁、玉米楂各 10 克。

做法：

1. 黄豆洗净，水中浸泡 10 小时。

2. 大米、小米、小麦仁、玉米楂和泡发的黄豆放入豆浆机中，加清水至上下水位线间，接通电源，按"豆浆"键。

3. 待豆浆制作完成后过滤即可。

红烧狮子头

营养功效：猪肉含有丰富的优质蛋白质和脂肪酸，还能改善缺铁性贫血症状，为新妈妈补血提供良好保证。

原料：五花肉 150 克，荸荠、姜片、盐、白糖、水淀粉、酱油各适量。

做法：

1. 五花肉洗净，剁成肉末；荸荠洗净，去皮，切碎。

2. 将五花肉末与荸荠碎混合，加入盐、水淀粉搅匀，做成大肉丸。油锅烧热，加入肉丸炸至表面金黄。另起锅加入姜片、水炖煮；加入肉丸、盐、白糖、酱油调味，小火煮至汁浓、食材全熟，用水淀粉勾薄芡后起锅。

肉末烧茄子

营养功效：此道菜可补充丰富的维生素 A、B 族维生素及维生素 C，有和胃健脾、延缓衰老的作用。

原料：茄子 300 克，猪肉末 100 克，葱花、姜末、盐、白糖、料酒各适量。

做法：

1. 猪肉末中加盐、料酒、白糖搅匀；茄子去皮，洗净，切块。

2. 油锅烧热，加葱花爆香，加猪肉末炒散。然后放入茄子继续炒至茄子软烂。

3. 起锅前加盐调味，撒上姜末即可。

红薯蛋挞

营养功效：红薯所含的纤维细腻，能够加快胃肠蠕动促进消化，对促进排便有很大的益处，是新妈妈减肥瘦身的好选择。

原料：红薯 200 克，鸡蛋 1 个，蛋挞皮 6 个，椰蓉、淀粉、白糖、牛奶各适量。

做法：

1 红薯洗净去皮，切块，蒸熟，碾成泥；加椰蓉搅拌，搓成小球。

2 鸡蛋打入碗中，加牛奶、白糖打散后，加淀粉搅拌均匀。

3 蛋挞皮放入锡纸壳中，放入红薯球后，倒入蛋液。

4 放入烤箱中烤熟即可。

酿尖椒

营养功效：辣椒不但能给人带来好口味，还含有丰富的维生素 C、叶酸、镁及钾等成分，为身体提供丰富的营养。

原料：尖椒 4 个，猪肉末 150 克，鸡蛋 1 个，葱花、姜末、盐、料酒、酱油各适量。

做法：

1 尖椒洗净，切去头；鸡蛋取蛋清。

2 猪肉末加蛋清、盐、葱花、姜末、料酒拌匀。

3 将馅料填入尖椒中。油锅烧热，将尖椒煎黄后，加少量水、酱油煮 5 分钟，加盐收汁即可。

黄瓜烤墨鱼丸

营养功效：黄瓜含有维生素 B_1，对改善大脑和神经系统功能有利，能改善睡眠，让新妈妈睡得更安稳。

原料：黄瓜 1 根，墨鱼丸 4 个，沙茶酱、酱油、白糖、盐各适量。

做法：

1 黄瓜洗净，切成小段。用竹签将黄瓜段与墨鱼丸间隔串起。

2 所有调味料放入碗中搅匀。

3 将调味料刷在黄瓜墨鱼丸串上，用烧烤架或烤箱将食材烤熟即可。

第 41 天 推荐食谱

木瓜牛奶蒸蛋

营养功效：木瓜含有多种氨基酸、膳食纤维以及维生素，并含有钙、铁等，是很好的保健食物。

原料：木瓜半个，鸡蛋2个，牛奶、白糖各适量。

做法：

1 木瓜去皮，切丁；鸡蛋打入碗中，搅匀。

2 在蛋液中倒入牛奶，加入木瓜丁、白糖调匀，上锅蒸熟即可。

凉拌魔芋丝

营养功效：魔芋中所含葡萄甘露聚糖，有膨胀力和黏韧度，可消除饥饿感，是新妈妈瘦身必备食物。

原料：魔芋丝200克，黄瓜80克，芝麻酱、酱油、醋、盐各适量。

做法：

1 黄瓜洗净，切丝；魔芋丝用开水烫熟，晾凉。

2 芝麻酱用水调开，加适量的酱油、醋、盐调成小料。

3 将魔芋丝和黄瓜丝放入盘内，倒入小料，拌匀即可。

荷叶粥

营养功效：荷叶有解暑热的功效；大米可以健脾养胃，适合夏天坐月子的新妈妈食用。但要注意少量进食。

原料：新鲜荷叶1张，大米60克，冰糖适量。

做法：

1 荷叶、大米分别洗净。

2 大米煮成粥，待粥熟后加冰糖搅匀。

3 荷叶铺在碗内，倒入粥即可。

南瓜红薯饭

营养功效：南瓜中丰富的类胡萝卜素，在机体内可转化成维生素A，对维持正常视觉、促进骨骼的发育具有重要作用。

原料：南瓜、红薯各 50 克，大米 30 克，小米 20 克。

做法：

1 大米、小米洗净后加水浸泡1 小时。

2 南瓜、红薯洗净后去皮，切丁。

3 把泡好的大米、小米和南瓜丁、红薯丁放入电饭煲内，加适量水煮熟即可。

素炒三丝

营养功效：冬笋含有丰富的蛋白质和多种氨基酸、维生素，能促进肠道蠕动，既有助于消化，又能预防便秘的发生。

原料：冬笋 200 克，胡萝卜 1 根，西芹 1 棵，盐、水淀粉、葱花、姜末各适量。

做法：

1 冬笋去皮，洗净，切丝；西芹洗净，切段；胡萝卜洗净，切丝。

2 油锅烧热，加葱花、姜末煸炒几下，加冬笋丝、胡萝卜丝、西芹段继续煸炒。

3 加盐调味，出锅前用水淀粉勾薄芡即可。

醋焖腐竹带鱼

营养功效：带鱼含不饱和脂肪酸较多，具有降低胆固醇的作用，可为体重超标的新妈妈瘦身减脂。

原料：带鱼 1 条，腐竹 3 根，老抽、料酒、醋、盐、白糖各适量。

做法：

1 带鱼去头、尾、内脏，切成段，用老抽、料酒腌 1 小时；腐竹水发后切成斜段。

2 炒锅放油，将带鱼段煎至八成熟时捞出。

3 再倒入油，放入带鱼段，倒入醋、适量凉开水，调入盐、白糖，放入泡好的腐竹段，炖至入味，最后收汁即可。

第 42 天 推荐食谱

牛奶水果饮

营养功效：玉米粒和猕猴桃、葡萄可以补充牛奶中膳食纤维的不足，还可补充维生素 C，好吃又瘦身。

原料：牛奶 250 毫升，玉米粒、葡萄、猕猴桃、水淀粉、蜂蜜各适量。

做法：

1 将猕猴桃、葡萄分别切成小块。

2 把牛奶倒入锅中，然后开火，放入玉米粒，边搅边放入水淀粉，调至黏稠度合适。

3 出锅后将切好的水果丁摆在上面，滴入适量蜂蜜即可。

番茄炒芦笋

营养功效：此菜富含维生素 C，能促进宝宝对铁的吸收，还能让新妈妈皮肤变细腻，脸色更红润。

原料：芦笋 6 根，番茄 2 个，盐、香油、葱末、姜片各适量。

做法：

1 番茄洗净，切块；芦笋去硬皮、洗净，放入锅中焯 5 分钟后捞出，切成小段。

2 锅中倒油烧热，煸香葱末和姜片，放入芦笋段、番茄块一起翻炒。翻炒至八成熟时，加适量盐、香油，翻炒均匀即可出锅。

鹌鹑蛋烧肉

营养功效：鹌鹑蛋中含有丰富的卵磷脂，瘦肉含铁且吸收率较高，此菜具有健脑和补血的功效。

原料：鹌鹑蛋 5 个，猪瘦肉 200克，酱油、白糖、盐各适量。

做法：

1 猪瘦肉汆水 5 分钟后洗净，切块；鹌鹑蛋煮熟剥壳，入油锅中炸至金黄，捞出。

2 再起油锅将猪瘦肉炒至变色，加酱油、白糖、盐调味，加清水没过猪肉块，待汤汁烧至一半时，加入鹌鹑蛋，煮至汤汁收浓时，即可出锅。

凉拌萝卜丝

营养功效： 这道酸辣可口的凉拌小菜，能为新妈妈提供哺乳所需要的钙质。多食用萝卜还有助于体内废物的排除。

原料： 心里美萝卜1个，盐、酱油、醋、白糖、辣椒油、香菜段各适量。

做法：

1 将心里美萝卜洗净，去皮，切成丝。

2 将萝卜丝用盐腌制15分钟，腌制后用手挤出萝卜丝里的水分，装盘。

3 调入酱油、醋、白糖和辣椒油搅匀，最后撒上香菜段即可。

橄榄菜炒扁豆

营养功效： 扁豆富含膳食纤维，可促进新妈妈肠胃蠕动，起到清胃涤肠的作用。此菜很适合便秘的新妈妈食用。

原料： 扁豆200克，橄榄菜50克，葱花、盐各适量。

做法：

1 将扁豆洗净，切成段；橄榄菜切碎。

2 油锅烧热，爆香葱花，下入扁豆和橄榄菜碎翻炒。

3 加水，将扁豆彻底煮熟烂，用盐调味即可。

红烧鳜鱼

营养功效： 鳜鱼含有蛋白质、脂肪、维生素等多种营养素，具有补气血、益脾胃的功效，适合新妈妈食用。

原料： 鳜鱼1条，酱油、蒜泥、料酒、水淀粉、盐、姜末、白糖、葱末各适量。

做法：

1 鳜鱼收拾干净，用盐、料酒、水淀粉腌10分钟。

2 将油锅烧至七成热，放进鱼炸至两面金黄，捞出。

3 锅留底油，倒入酱油、姜末、蒜泥、盐、葱末、白糖，加水烧沸，放入鳜鱼烧熟，最后用水淀粉勾芡即可。

身体恢复和母乳喂养问题

夜间哺喂宝宝有讲究

几乎每个新生儿在夜间都会醒来吃两三次奶，整晚睡觉的情况很少见。因为此时宝宝正处于快速生长期，很容易感到饥饿，或是有需要妈妈关爱、安抚的心理需求，如果夜间不给宝宝吃奶，宝宝可能就会哭闹。由于夜晚是睡觉的时间，妈妈在半睡半醒间给宝宝喂奶很容易发生意外，因此需要特别注意。

千万不要让宝宝一直含着乳头睡觉，这样会影响睡眠质量。夜间哺乳时，妈妈不要边打盹边哺乳，以免妈妈在熟睡翻身的时候压到宝宝或是乳房盖住宝宝的鼻子，导致宝宝呼吸困难甚至窒息，这是十分危险的。

很多宝宝夜间吃奶时，很容易感冒，这也是妈妈不愿夜间喂奶的一个原因。妈妈在给宝宝喂奶前，根据季节准备好一条薄厚适度的毛毯，妈妈将宝宝裹好，喂奶时，不要让宝宝胳膊过度伸出袖口，喂奶后，也别忘了给宝宝拍嗝。

至少保证母乳喂养6个月

开奶的疼痛、胀奶的难受、背奶的辛苦、夜奶的疲惫——这一切的一切，都是一种甜蜜的负担，是妈妈送给宝宝最珍贵的礼物，伴他一生健康成长。

母乳是妈妈给宝宝准备的最好的"粮食"。研究证明，母乳喂养的宝宝要比混合喂养及人工喂养的宝宝生病率低。

母乳中有专门抵抗病毒入侵的免疫抗体，可以让6个月以内的宝宝有效抵抗麻疹、风疹等病毒的侵袭，预防哮喘之类的过敏性疾病等。母乳喂养不仅为宝宝提供了充足的营养，也提供了母子亲密接触的机会，并有益于宝宝的心理发育，增强安全感。

母乳喂养的妈妈，产后恢复快、代谢块、消耗热量多。因为宝宝的吸吮可以刺激子宫的收缩，降低乳腺癌的发病率。有人认为母乳喂养的妈妈容易乳房下垂，其实两者没有什么必然联系，只要妈妈经常按摩，并且坚持戴文胸支撑，就可以预防乳房下垂。

基于母乳喂养对宝宝和妈妈的多重益处，国际母乳会建议，至少要保证纯母乳喂养6个月，如果有条件，完全可以持续到宝宝2岁以上。

二胎妈妈母乳少，多是气血不足引起的

有些二胎妈妈确实出现了头胎乳汁充足，二胎乳汁减少的情况，这多与妈妈生育二胎宝宝时的身体状况有关，即中医所说的气血不足。唐代大医学家孙思邈所著的《备急千金要方》中曾记载"凡乳母者，其血气为乳汁也"，如果气血运行不正常，分泌的乳汁就会受到影响。

所以二胎妈妈要保持精神愉悦，还要保证充足的睡眠和休息，可以多吃些补气血的食物，如牛奶、豆制品、新鲜蔬菜水果等。

头胎没奶，二胎不一定也没奶

头胎没奶并不意味着二胎也没有奶，要先找出头胎没有实现母乳喂养的原因。如果头胎是因为疾病、自身身体原因导致的，而现在这种状态还依然存在，那么二胎依然可能出现没奶的情况，医生也不建议母乳喂养。

如果生大宝时，是因为怕疼、喂养方式不对、

奶水的多少不只和饮食有关系，更和睡眠、心情有直接的关系，但保证营养是前提。

没有坚持哺喂等非生理因素导致的乳汁少，生二宝时，只要适当调整心态，就可以避免这些情况的发生。

同理，有些二胎妈妈虽然头胎乳汁充足，也有可能出现二胎乳汁不足的情况。如由于年龄的增加，身体状态不如年轻时，可能会影响母乳喂养。

所以无论是头胎还是二胎，为了实现母乳喂养，妈妈都要对母乳喂养充满信心，保持好心情，而且产后一定要早开奶、早接触、勤吸吮，平时多摄取高营养、多汤食物，以促进乳汁分泌。

饮食与按摩配合，催乳效果更好

乳汁是由气血化生而来的，只有脾胃功能强健，气血生化有源，乳汁才能源源不断。所以气血亏虚的妈妈在饮食上要先调理脾胃，然后增加补气血的食材，才能有助于增强按摩效果。

催乳按摩的原则是理气活血，舒筋通络。不过需要注意的是，哺乳期的女性乳房容易发炎，按摩的时候必须注意手法，手法不准确或手劲太大，都可能引起乳腺管堵塞加重，严重者可能会引发炎症。此外，哺乳妈妈切不可因为工作就耽误了正常的挤奶时间，一般来说，两三个小时就应该挤一次奶，否则易引发炎症。

第八章
产后对症调养餐

坐月子期间多少会遇到一些不适,就用饮食来调理吧!
正确的食疗方法既能够使新妈妈尽快恢复健康,又不会影
响哺乳。需要注意的是,如果新妈妈不适症状较严重,就
必须立即就医。

催乳

　　母乳是宝宝最好的食物，它是任何食物都无法替代的。然而，很多新妈妈产后乳汁很少，甚至没有，这就需要适当食用一些下奶的食物来调理。

红枣蒸鹌鹑

原料：鹌鹑1只，红枣3颗，姜片、葱段、盐、淀粉、料酒各适量。

做法：

1 将鹌鹑洗净，斩成块；红枣去核，取枣肉备用。

2 将鹌鹑与红枣、姜片、葱段、盐、料酒、淀粉拌匀，放入蒸碗里，加一些水。

3 将蒸碗放入蒸锅中，将鹌鹑蒸熟后淋上少许熟植物油即可。

清蒸大虾

原料：鲜虾10只，姜、高汤、醋、酱油、香油各适量。

做法：

1 鲜虾洗净，去脚、去须、去皮，去除虾线；姜洗净，一半切丝，一半切末。

2 将大虾摆在盘内，加入姜丝和高汤，上笼蒸10分钟左右取出。

3 用醋、酱油、姜末和香油兑成汁，供蘸食。

牛奶鲫鱼汤

原料：鲫鱼1条，牛奶250毫升，葱花、盐各适量。

做法：

1 鲫鱼去鳃、去内脏，洗净后擦干水。

2 下入油锅略煎，加入葱花、盐及适量水，小火炖煮至汤白。

3 加入牛奶，再煮开即可。

丝瓜炖豆腐

原料：丝瓜 100 克，豆腐 50 克，高汤、盐、香油各适量。

做法：

1 豆腐洗净，切小块，焯烫一下；丝瓜去皮，切小块。

2 油锅烧热，放入丝瓜块煸炒至发软，放入高汤、盐大火烧开。

3 下入豆腐块，转小火炖 10 分钟，豆腐块鼓起就可关火，撒上香油后盛出即可。

羊排骨粉丝汤

原料：羊排骨 150 克，小河虾、粉丝、葱丝、姜丝、醋、盐各适量。

做法：

1 将羊排骨洗净，切块；粉丝用开水浸泡；小河虾洗净。

2 油锅烧热，放入羊排骨煸炒至干，加醋。

3 加入姜丝、葱丝，倒入适量清水，大火煮沸后，撇去浮沫；改用小火焖煮至羊排骨熟烂，加入粉丝和小河虾煮 10 分钟，出锅前，加盐调味即可。

豆腐醪糟汤

原料：豆腐 100 克，红糖、醪糟各适量。

做法：

1 将豆腐切成块。

2 锅中加入适量清水煮沸，把豆腐、红糖、醪糟放入锅内，煮 20 分钟即可。

补血

新妈妈在分娩过程中及产后都会失血，可能造成贫血或加重贫血程度，所以新妈妈产后及时、合理补血至关重要。通过健康的饮食可以达到很好的补血效果，新妈妈可适当多食用含铁较多的食物，如动物肝脏、肉类、海带、红枣、菠菜等食物。

三色补血汤

原料：南瓜50克，银耳10克，莲子、红枣、红糖各适量。

做法：

1 南瓜洗净，去皮、去子，切成小块；莲子去心；红枣洗净去核；银耳泡发后去蒂，撕成小朵。

2 将南瓜块、莲子、红枣、红糖、银耳和适量的水一起放入砂煲中，大火烧开后慢慢煲煮，煮至南瓜软烂、汤汁浓稠即可。

猪肝红枣粥

原料：猪肝100克，红枣6颗，菠菜、大米各50克，盐适量。

做法：

1 猪肝洗净，切厚片；红枣洗净；菠菜洗净，切成段；大米洗净，用清水浸泡1小时。

2 将大米、清水放入锅内，大火煮沸转小火煮成粥。

3 将猪肝片、红枣放入锅内煮至猪肝熟透，放入菠菜段稍煮，加盐调味即可。

红枣百合汤

原料：鲜百合20克，红枣6颗，枸杞子适量。

做法：

1 鲜百合洗净，掰成片；红枣、枸杞子分别洗净。

2 将鲜百合片、红枣、枸杞子及清水放入锅中，大火煮开，转小火继续熬煮30分钟即可。

菠菜炒鸡蛋

原料：菠菜300克,鸡蛋2个,盐、姜末、香油各适量。

做法：

1 将鸡蛋磕入碗中，搅匀；菠菜洗净，切段，用开水焯一下捞出。

2 油锅烧热，倒入鸡蛋炒熟，盛出。

3 余油烧热，下姜末爆香，加菠菜翻炒，加入炒熟的鸡蛋，加盐、香油调味即可。

木耳香菇粥

原料：大米80克，木耳20克，鲜香菇30克，盐适量。

做法：

1 大米洗净；木耳泡发，洗净，切碎；香菇洗净，切碎丁。

2 大米放入锅中，加适量水，大火煮开后改小火炖煮。

3 粥开始变黏稠时放入木耳碎和香菇丁继续炖煮。

4 待食材全熟时加盐调味即可。

酸菜猪血汤

原料：猪血150克，酸菜100克，盐、葱段、葱花、姜片、胡椒粉、香油各适量。

做法：

1 酸菜洗净，切段；猪血洗净，在开水中余一下，切块。

2 油锅烧热，入葱段、姜片爆香，放入酸菜煸炒一下，放入猪血，加水烧沸，调入盐、胡椒粉，淋上香油、撒上葱花即可。

补钙

产后哺乳妈妈需要保证乳汁中含足量的钙，以满足宝宝成长需要，因此每天大约需摄取1200毫克钙。如果不及时补钙，很容易引起宝宝牙齿松动、骨质疏松和佝偻病等。新妈妈可以通过喝牛奶、吃豆制品等来补钙，还要吃些新鲜水果，促进钙质吸收。

芋头排骨汤

原料：排骨 250 克，芋头 150 克，姜片、盐各适量。

做法：

1 芋头去皮、洗净，切成块；排骨洗净，切成长段。

2 芋头块上锅隔水蒸 10 分钟；排骨放入沸水中余烫，洗去血沫。

3 将排骨段、姜片、适量清水放入锅中，用大火煮沸后转小火继续慢煮 1 小时。出锅前加入芋头块同煮，加盐调味即可。

南瓜虾皮汤

原料：南瓜 200 克，虾皮 20 克，葱花、盐各适量。

做法：

1 南瓜去皮、去瓤，切成块。

2 油锅烧热，放入南瓜块翻炒，加清水将南瓜煮熟。

3 出锅时加盐调味，再放入虾皮、葱花即可。

花生牛奶豆浆

原料：花生仁 30 克，黄豆 40 克，牛奶适量。

做法：

1 将花生仁浸泡 6 小时。

2 黄豆浸泡 10 小时。

3 将花生仁、黄豆、牛奶放入豆浆机中加水制成豆浆。

红薯蛋黄泥

原料： 红薯 200 克，鸡蛋 2 个。

做法：

1 红薯洗净，煮熟后去皮，切块，用勺背压成泥。

2 鸡蛋煮熟，去壳，取出蛋黄，将蛋黄用勺背压成泥状。

3 将蛋黄加入红薯搅拌成泥即可。

葱花拌豆腐

原料： 豆腐 300 克，盐、香油、葱花各适量。

做法：

1 豆腐洗净，切块，在开水中焯一下，捞出后晾凉。

2 将葱花加盐、香油，一起拌匀，浇在豆腐上即可。

酥炸小黄鱼

原料： 小黄鱼 10 条，鸡蛋 2 个，面粉、白胡椒粉、孜然粉、盐、料酒各适量。

做法：

1 小黄鱼处理干净，去头，用料酒、盐、白胡椒粉、孜然粉腌制片刻。鸡蛋磕入碗中，搅匀。

2 小黄鱼蘸取鸡蛋液之后裹上面粉，在七成热油锅中炸至金黄即可。

产后便秘

新妈妈如出现大便数日不行或排便时干燥疼痛、难以解出的情况，就是遇到产后便秘了，可以食用一些润肠通便的食物来缓解和改善便秘症状。另外，新妈妈多吃些富含膳食纤维的蔬菜、水果，能起到预防产后便秘的作用。

蜜汁山药条

原料：山药 100 克，熟黑芝麻 20 克，蜂蜜、冰糖各适量。

做法：

1 山药去皮洗净，切成条。

2 山药条入沸水焯熟，捞出码盘。

3 锅中加水，放入冰糖，小火烧至冰糖完全溶化，倒入蜂蜜，熬至开锅冒泡，将蜜汁均匀浇在山药条上，撒上熟黑芝麻即可。

蒜蓉蒿子秆

原料：蒿子秆 200 克，蒜蓉、盐各适量。

做法：

1 将蒿子秆洗净，切段。

2 油锅烧热，放入蒜蓉爆香，放入蒿子秆、盐略炒即可。

草莓牛奶粥

原料：草莓 10 个，香蕉 1 根，大米 50 克，牛奶 250 毫升。

做法：

1 草莓去蒂，洗净，切块；香蕉去皮，放入碗中碾成泥；大米洗净。

2 将大米放入锅中，加适量清水，大火煮沸。

3 然后放入草莓块、香蕉泥，同煮至熟，倒入牛奶，稍煮即可。

口蘑炒莴笋

原料：口蘑、莴笋各 200 克，葱段、姜片、盐各适量。

做法：

1 口蘑、莴笋均洗净，切片，并放入沸水中焯一下，捞出过凉水。

2 油锅烧热，下葱段、姜片爆香，加莴笋片、口蘑片翻炒，加入盐调味即可。

木耳炒圆白菜

原料：水发木耳 50 克，圆白菜、红椒各 40 克，盐、高汤、水淀粉各适量。

做法：

1 木耳洗净，沥水；红椒和圆白菜洗净，切片。

2 油锅烧热，放入木耳、圆白菜片、红椒片翻炒，加高汤、盐稍煮，用水淀粉勾芡后即可。

白菜炖豆腐

原料：白菜、豆腐各 100 克，葱段、姜片、蒜片、盐、白胡椒粉、枸杞子各适量。

做法：

1 白菜洗净，切片；豆腐洗净，切块。

2 油锅烧热，放葱段、姜片、蒜片炒香，加适量水，放豆腐、白菜，炖至熟透。

3 加入盐、白胡椒粉、枸杞子调味即可。

产后出血

分娩后 24 小时内出血量超过 500 毫升称为产后出血，常见原因是宫缩乏力、软产道损伤、胎盘因素及凝血功能障碍。发生产后出血，新妈妈一定不能粗心大意，不能单纯认为出血是产后的正常现象，要及时治疗，避免带来更大的危害。

红糖煮鸡蛋

原料：鸡蛋 2 个，红糖适量。

做法：

1 锅中放水，将鸡蛋煮熟，去掉蛋壳。

2 另起一锅，加水、去壳的鸡蛋和红糖，小火煮 15 分钟即可。

百合当归猪肉汤

原料：百合 30 克，当归 9 克，猪瘦肉 60 克，盐适量。

做法：

1 猪瘦肉切片。

2 当归、百合洗净。

3 所有原料一起放入锅中加水煮熟，加适量盐调味即可。

人参粥

原料：大米 50 克，人参末 10 克，姜汁 10 毫升。

做法：

1 大米洗净，加水煮成粥。

2 再加入人参末、姜汁煮 5 分钟即可。

产后瘦身

新妈妈在孕期、坐月子期间，为了保证自己及宝宝的营养而进补，很容易引发产后肥胖症。新妈妈可以在产后6周开始采取饮食调养的方式来科学、健康瘦身，如多吃蔬菜、水果，少吃脂肪含量高的食物。

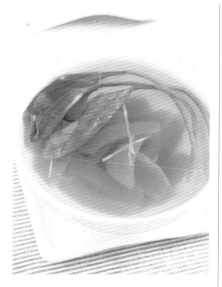

魔芋菠菜汤

原料：菠菜100克，魔芋60克，姜丝、盐各适量。

做法：

1 菠菜择洗干净，切段；魔芋洗净，切成条，用水煮2分钟去味。

2 将魔芋条、菠菜段、姜丝放入锅内，加清水大火煮沸，转中火煮至全部食材熟软。出锅前加盐调味即可。

核桃仁拌芹菜

原料：芹菜200克，核桃仁50克，香油、盐各适量。

做法：

1 芹菜去根，择去老叶，洗净，切段；核桃仁用开水泡5分钟后捞出。

2 将芹菜段在开水中焯熟，再用凉开水冲一下。

3 在芹菜段中加入盐，淋上香油，再拌入核桃仁即可。

芝麻海带结

原料：宽海带100克，白芝麻20克，白糖、盐、酱油、香油各适量。

做法：

1 白芝麻洗净，在不加油的锅中炒熟盛出，晾凉；宽海带洗净，切成长条，打成结。

2 打好结的海带煮熟，捞出，沥干。

3 在海带结中加酱油、盐、白糖、香油拌匀，撒上白芝麻即可。

产后水肿

产后水肿的原因有两个：一是脾胃虚弱，二是肾气虚弱。有助于缓解水肿的食材有牛肉、鸡肉、动物肝脏、西蓝花、油菜、芹菜、柠檬、苹果、香蕉、草莓、牛奶及奶制品、鸡蛋、大豆等，当出现产后水肿时，新妈妈可以尝试多吃上述食物，以帮助恢复。

红豆薏米姜汤

原料：红豆、薏米各50克，姜片、红糖各适量。

做法：

1 用水将红豆、薏米浸泡4小时。

2 将姜片与红豆、薏米加水一同煮。

3 大火煮开后，转小火继续煮40分钟，待红豆薏米煮熟烂后，加红糖调味即可。

清炖冬瓜鸭汤

原料：冬瓜100克，鸭子半只，姜片、盐、葱段各适量。

做法：

1 鸭子处理干净，切块；冬瓜洗净，去皮，切块。

2 锅中加适量水，放入姜片、葱段、鸭块，大火烧开后改小火炖煮。

3 鸭肉快熟烂时加入冬瓜，煮15分钟，加盐调味即可。

黄瓜芹菜汁

原料：芹菜100克，黄瓜1根。

做法：

1 黄瓜洗净，切段；芹菜去根，去叶，洗净，切段。

2 将食材放入榨汁机中，加适量温开水，榨汁即可。

产后脱发

　　很多新妈妈在坐月子时会有不同程度的脱发现象。这是因为怀孕以后，体内雌性激素增多，使得头发的寿命延长了，而到分娩以后体内雌性激素恢复正常，那些"超期服役"的头发就开始脱落。

山药芝麻饮

原料：山药 50 克，黑芝麻 15 克，白糖适量。

做法：

1 山药洗净，去皮，放入榨汁机中，榨取汁液。

2 黑芝麻洗净，炒干，研末。

3 锅中加少许水和山药汁液，烧开，放入黑芝麻和白糖，稍煮即可。

黄豆排骨汤

原料：猪排骨 300 克，黄豆 50 克，姜片、盐、葱花各适量。

做法：

1 猪排骨洗净，切段，在开水中余一下，捞出；黄豆洗净。

2 另起一锅，锅中加适量水，放入猪排骨、黄豆、姜片，大火煮开后改小火炖煮。

3 黄豆熟肉烂时加盐调味，撒上葱花即可。

蟹子寿司

原料：米饭 200 克，蟹子 100 克，海苔 50 克，黄瓜 30 克，白醋、盐、白糖、料酒各适量。

做法：

1 将白醋、盐、白糖、料酒混合拌匀，加入煮好的米饭中再次拌匀，晾凉。黄瓜洗净，切片。

2 将醋饭捏成椭圆形，用海苔包裹在周围，将黄瓜片、蟹子放在米饭上即可。

附录

坐月子老传统与新观念

婆婆妈妈说	现代科学说
月子里不能刷牙，否则牙齿会松动 家里的老人都说，月子里不能刷牙，月子里刷牙会导致牙齿松动	**可用温水刷牙，牙刷不能太硬** 其实产后完全可以和平时一样每天刷牙。刷牙可以清洁牙齿，预防许多口腔疾病。只要注意选择软毛的牙刷，用温开水刷牙就完全没有问题。如果出现牙齿松动的现象，需要去看医生，考虑是不是需要补钙了
一个月不能洗头、洗澡 老一辈的习俗认为月子里不能洗头、洗澡，否则会受风寒侵袭，导致将来头痛、身体痛	**洗头、洗澡有益于身心健康** 以前，受家居环境和条件的影响，洗头或洗澡可能会受凉，但现在一般没有这样的影响了。不管是哪个季节，如果伤口愈合了，家里有洗浴的条件，都可以洗头或洗澡。只要水温合适，洗后赶快擦干身体，及时穿好衣服，避免受凉感冒就可以了
不能吃水果、蔬菜 传统观念不让产妇在月子里吃蔬菜、水果，认为水果、蔬菜寒气大，对脾胃不好，水果还硬，对牙齿不好	**吃水果蔬菜可补充维生素** 蔬菜和水果富含维生素、矿物质和膳食纤维，可促进胃肠道功能的恢复及碳水化合物、蛋白质的吸收利用，特别是可以预防便秘，加快毒素代谢。不过吃水果的量应循序渐进，并且要避免食用凉性的水果，比如梨、西瓜、柿子等
月子一定要"捂"严实了 老一辈的人认为坐月子就需要捂，比如，不能外出，要包头巾，不能开窗，就是夏天也要穿得厚些、裹得严实些，否则容易受风、受寒，留下怕风怕冷的月子病	**月子不能"捂"** 主张把门窗关得紧紧的，把自己包裹得像粽子一样来"捂月子"是不科学的。要知道，不管是哪个季节，新妈妈和宝宝都需要新鲜的空气，否则容易感冒。需要注意的是，开窗通风时你可以和宝宝换到另一个房间去，或者每次只开一扇窗户并关好门，别形成对流风，更不要直接吹风

婆婆妈妈说	现代科学说
不能下床活动，要卧床休息 　　老一辈观点认为坐月子忌动，产后一个月不下床活动，这样身体才能恢复好。经常下地活动容易落下腰疼的毛病	**产后下床活动有利于身体恢复** 　　自然分娩的新妈妈产后 6~8 小时、剖宫产妈妈产后 24 小时之后便可以下床活动。如果 1 个月卧床不起，肯定会让新妈妈没有食欲、没有力气，可能还会导致便秘、子宫内膜炎、血管栓塞等疾病。但是，经常维持坐姿或喂奶姿势不正确，可能会让腰部肌肉长时间处于紧张的状态，引起腰部疼痛
不能吹电扇，更不能开空调 　　老一辈沿袭下来的坐月子禁忌是不能见风，即使在室内也要把身体遮得严严实实，不能用电扇，更不能吹空调	**电扇、空调可以用，但不宜直吹身体** 　　现在的新观念认为，只要不吹穿堂风，空调、电扇不正对着自己吹就可以。特别是夏天，没有必要将自己包裹得太严实，否则很容易就中暑了。但是在使用空调时，不能把温度调得太低，否则也会受凉，最低温度最好不低于 26℃
鸡蛋吃得越多越补 　　鸡蛋营养价值高，容易被人体吸收，坐月子补身体吃得越多越好	**鸡蛋每天吃 2 个就够了** 　　产后没有必要让新妈妈每天大量进食高蛋白食物，因为高蛋白饮食会加重胃肠道负担，并影响其他营养物质的摄入，使营养不均衡。动物性蛋白与植物性蛋白可搭配食用，两者互补，有利于产后身体恢复和哺乳需要。鸡蛋再有营养，也要适可而止，每日一两个即可
产后不能吃盐 　　过去很多人认为，新妈妈在产后头几天不能吃盐，不然会引起全身水肿	**饭菜要清淡，但不能忌盐** 　　产后出汗较多，乳腺分泌旺盛，体内容易缺水、缺盐，因此适量补充盐分是可以的，但不宜过量。如果总吃无盐饭菜，也会使新妈妈感觉食欲不佳，并感到身体无力，不利于身体的恢复

请全家一起关注产后抑郁

有些妈妈在生完宝宝之后，好像会忽然觉得自己变得"多愁善感"了，动不动就会出现情绪低落、忧郁、爱哭的现象，甚至在有的时候，会忽然地心情烦躁、焦虑、睡也睡不好。这是怎么回事呢？有这种现象的新妈妈们请注意了，你很有可能得了产后抑郁症。

新妈妈为什么容易在产后产生抑郁呢？

生理因素

在妊娠后期，孕妈妈体内的内分泌会产生变化，如雌性激素黄体酮、皮质激素、甲状腺激素等等，会有不同程度的增高。在这个时候，孕妈妈会有非常幸福愉悦的感觉。但是在生完宝宝之后，孕妈妈体内的这些激素分泌量会迅速下降，从而导致不同程度的抑郁症状。

睡眠不佳

有很多新妈妈，无论是白天还是晚上，都是一个人在带孩子。这很容易让新妈妈产生一种委屈、烦躁、易怒的情绪。尤其是在繁忙的晚上，孩子易醒易动，新妈妈很难有一个好的睡眠，有时甚至会埋怨丈夫不在自己身边陪伴。

家人的压力

在有些观念比较陈旧的家庭当中，会对孩子的性别特别看重。当妈妈生完宝宝之后，家里人一看不是想要男孩或女孩，就会对新妈妈表现出不满等情绪。这些不良的情绪，很容易带给新妈妈们压力，并且让她们感受到委屈。

经济原因

家里多了一个小宝宝，是一件非常幸福的事情。但是，与此同时，那些物质方面的因素同样也不可忽略，孩子的饮食、穿衣、健康、教育等因素也都需要考虑，算下来，都是一笔不小的开销。这时，有些不太富裕的家庭就可能入不敷出，在经济方面陷入困境。而这个时候，新妈妈们会很容易对孩子日后的生活问题产生焦虑。

新妈妈们在产后有抑郁的情绪，是十分正常的一件事。对于大多数新妈妈来说，只需要经过一段时间之后，产后抑郁的症状会自行消失，所以并不需要太多的担心。不过，如果发现新妈妈有严重的产后抑郁，甚至很快发展到精神疾病的状态，就应当及时去寻找专门的心理专家进行咨询和治疗。

如何帮助新妈妈从抑郁中走出来？

丈夫的关爱

当新妈妈感到失望和无助时，会变得特别脆弱和无助，需要更多地依靠，丈夫的关爱胜过别人的关心和照顾。丈夫这时要在旁边鼓励和支持妻子，多关心妻子，别让妻子认为陷入悲观情绪中，及时解除焦虑的心情。

医院就诊

如果新妈妈确诊为抑郁症，需要到正规医院的精神科就诊，在精神科医师指导下规范服药治疗，进行心理疏导。病理性症状依靠个人努力难以改善，可以辅助心理咨询。

充足睡眠

新妈妈要保证充足的睡眠时间，不要过度劳累。如果新妈妈能够补充失去的睡眠的话，她们感到抑郁的机会则会减低。生活作息逐渐正常，睡眠时间增长。精神状态明显变好，可轻松入睡，生理及心理对外界的接受度提高，抑郁症状基本消除。

寻求家人帮助

新妈妈要学会寻求家人的帮助，尽量让家人明白、理解自己。

出现抑郁症在很大程度上与没有做好照顾婴儿的思想准备有关。照料婴儿是一件劳心劳力的事情，也容易加重新妈妈抑郁症状，这个时候就要有家属的关心体贴。如果家人能够把新妈妈从照料婴儿的这一重担中解放出来，让新妈妈能够得到充分休息，那么这对缓解新妈妈抑郁症状是十分有利。

转移注意力

新妈妈可以将注意力转移到一些愉快的事情，向闺蜜诉说自己的开心与悲伤，使自己的情绪获得宣泄。其实人的内心都很强大也很脆弱，产后抑郁就跟人感冒生病时抗体和病毒打架一样，就看谁赢了占上风。新妈妈要相信自己是可以走出来的，也可以把自己更多的精力转移到对宝宝的照料和疼爱上，这对消除产后抑郁心理十分有效。

适量地运动

新妈妈不要一直待在家里，也要适量地参与一些运动，转移注意力。每天运动半小时，促进新陈代谢，尽量消除抑郁心结，平复自己的情绪。

自我调节好心态

患忧郁症的新妈妈想要走出阴影面，要学会自我调节，整理好自己的心态。做一做能使自己快乐的事情。例如，给自己放个假去旅游，放空自己，尽情去享受旅途中的过程，从消极的情绪中摆脱出来。

图书在版编目（CIP）数据

6周月子餐不重样 / 刘桂荣主编 . -- 南京 : 江苏凤凰科学技术
出版社，2020.1
（汉竹·亲亲乐读系列）
ISBN 978-7-5713-0180-4

Ⅰ . ① 6… Ⅱ . ① 刘… Ⅲ . ① 产妇－妇幼保健－食谱 Ⅳ .
① TS972.164

中国版本图书馆 CIP 数据核字 (2019) 第 047018 号

中国健康生活图书实力品牌

6周月子餐不重样

主　　　编	刘桂荣	
编　　著	汉　竹	
责 任 编 辑	刘玉锋　　黄翠香	
特 邀 编 辑	孙　静	
责 任 校 对	郝慧华	
责 任 监 制	曹叶平　　刘文洋	

出 版 发 行	江苏凤凰科学技术出版社
出版社地址	南京市湖南路 1 号 A 楼，邮编：210009
出版社网址	http://www.pspress.cn
印　　刷	合肥精艺印刷有限公司

开　　本	715 mm×868 mm　1/12
印　　张	13
字　　数	260 000
版　　次	2020 年 1 月第 1 版
印　　次	2020 年 1 月第 1 次印刷

标 准 书 号	ISBN 978-7-5713-0180-4
定　　价	39.80 元

图书如有印装质量问题，可向我社出版科调换。